U0156728

历史学的实践丛书

历史学的实践丛书

什么是建筑史
What is Architectural History?

〔澳〕安德鲁·里奇（Andrew Leach） 著

王磊 译

陆地 校译

北京大学出版社
PEKING UNIVERSITY PRESS

著作权合同登记号　图字：01-2010-8027

图书在版编目（CIP）数据

什么是建筑史 / (澳) 安德鲁·里奇著；王磊译 . —北京：北京大学出版社，2021.10
（历史学的实践丛书）
ISBN 978-7-301-32545-2

Ⅰ.①什… Ⅱ.①安… ②王… Ⅲ.①建筑史—研究 Ⅳ.①TU-09

中国版本图书馆CIP数据核字（2021）第190486号

What is Architectural History © by Andrew Leach
Copyright Andrew Leach 2010
This edition is published by arrangement with Polity Press Ltd., Cambridge
Simplified Chinese Edition © 2021 Peking University Press
All Rights Reserved
本书简体中文版专有翻译出版权由 Polity Press 授予北京大学出版社

书　　　　名	什么是建筑史 SHENME SHI JIANZHUSHI
著作责任者	〔澳〕安德鲁·里奇（Andrew Leach）著　王磊　译　陆地　校译
责任编辑	赵　维
标准书号	ISBN 978-7-301-32545-2
出版发行	北京大学出版社
地　　　址	北京市海淀区成府路205号　100871
网　　　址	http://www.pup.cn　新浪微博：@北京大学出版社
电子信箱	pkuwsz@126.com
电　　　话	邮购部 010-62752015　发行部 010-62750672　编辑部 010-62707742
印刷者	北京中科印刷有限公司
经销者	新华书店
	720毫米×1020毫米　16开本　10.5印张　145千字
	2021年10月第1版　2021年10月第1次印刷
定　　　价	45.00元

目 录

目录

致　谢

　　在此，我想要感谢政治出版社（Polity Press）的安德里亚·德鲁甘，这本书得以落地生根、发芽成长离不开他对我的鼓励及耐心。最初这是为澳大利亚昆士兰大学的研讨课准备的系列论文，在此非常感谢建筑学院的同仁们给予的建议和鼓励，以及2008级和2009级建筑班学生的热烈讨论赋予我的灵感。感谢建筑学院的研究经费资助了插图的费用。很多人都提出了有价值的建议、修改意见和批评意见，这些都帮助我反思，由于版面有限，无法一一致谢，在此请允许我特别感谢约翰·哈伍德、彼得·马顿斯和保罗·沃克三位，他们对本书的最终形式发挥了决定性影响。根据他们的批评和指导，政治出版社的匿名评审人以及审稿人提出了非常宝贵的修改意见，本书受益匪浅。昆士兰大学欧洲话语历史中心（Centre for the History of European Discourses）雪中送炭，为我提供了安静的工作场所——这里要特别感谢彼得·科勒、伊恩·亨特和瑞恩·沃尔特。约翰·麦克阿瑟数次帮助我厘清论点中的混淆之处；这本书也记录了与他讨论相关主题时，我偶然灵感闪现、激动不已的观点。深深感激根特大学的巴特·弗沙菲尔和我以前的同事们，我有幸以客座研究员的身份重返根特大学，在那里完成了最终的编辑工作。除非特别说明，本书所述仅代表我自己的观点，缺点和错误都是我的责任。本·威尔逊帮助编辑了初稿，政治出版社的制作团队确保此书得以付印出版。特别感谢乔纳森·斯盖瑞特、劳伦·穆赫兰和利·穆勒。感谢我的家人露丝、凯蒂、切尔西和阿米莉亚，感谢你们的鼓励，也感谢你们使我能够偶尔从写作的烦劳中抽身。特别是露丝，再次给予我坚定的支持，对此我永远感激不尽。当我定下本书的题目时，我们的女儿阿米莉亚还没有出生。无论是好是坏，这本书都是她人生头两年的背景，所以我必须把这本书送给她。

怎样使用这本书

　　本书旨在为撰写建筑史和研究建筑史学家工作的人介绍基本的概念问题。因此，本书假定读者已经掌握了建筑史的基本知识、年表、准则和地理知识，例如他们可能已在对建筑史的泛泛研究中获得了一些基本信息。本书的读者可能是在建筑学院或艺术史系学习的学生或从事建筑史研究的人员，或者他们正在进行的历史研究项目关注建筑物与城市规划所反映的历史现象。《什么是建筑史》这本书介绍了 20 世纪影响建筑学历史知识形成、聚集及传播的一些基本概念问题；同时，也旨在引导有好奇心的读者去更深入地阅读探讨这一主题的其他方面及相关的主要书籍。

导　言

在堪称现代建筑史奠基之作的《文艺复兴与巴洛克》(*Renaissance und Barock*, 1888)一书的序言中，年轻的瑞士艺术史学家海因里希·沃尔夫林（Heinrich Wölfflin）道出了撰写此书的目的：

> 这本书的研究对象是文艺复兴的解体，主要关注建筑风格的演变历史，而非单个艺术家的历史。我的目的是研究衰落的征兆，有可能的话，揭示"多变和回归无序"中的某种规律，该规律能够赐予人们领悟艺术内在运作方式的洞察力。我承认，于我，这是艺术史的真正目的。[1]

沃尔夫林认为，16—17 世纪的罗马建筑体现了一种从文艺复兴的鼎盛时期到无序混乱的衰落趋势，或许我们当下并不认同他的观点。我们也不苟同对艺术史和建筑史的书写必须区别于对画家、雕刻家、建筑师历史的撰写。然而，沃尔夫林在这简短的序言中却提出了一系列问题，例如：历史学家为何研究建筑学？他们如何研究建筑学？建筑

---

[1] Heinrich Wölfflin, *Renaissance and Baroque*, trans. Kathrin Simon (London: Collins, 1964), xi. 原版参见：Heinrich Wölfflin, *Renaissance und Barock: Eine Untersuchung über Wesen und Entstehung des Barockstils in Italien* (Munich: T. Ackerman, 1888)。

学作为一种概念、艺术和制度，是否随着时间的流逝而变化？这种变化为什么会出现？是因为建筑学自身的内部因素，还是因为支配建筑师的某种力量？在罗列建筑史学术研究的术语时，沃尔夫林题写了一系列概念与问题，这是建筑史学家实践的重要基础。尽管建筑史学家已经摒弃了沃尔夫林及其方法论，发现了新路径，开发了全新的探索领域，但他们仍然得益于建筑学最初从现代历史研究领域获得的系统化和体系化知识。但是，作为一门学科，建筑史与许多历史学科和专业一样面临着一个问题：在定义什么是建筑史以及如何研究建筑史的问题上，人们略欠共识，正如在什么可被称作建筑及建筑应如何被研究

图 1　罗马耶稣会教堂，官方名称为"司铎级枢机的领衔圣堂"（the Chiesa del Santissimo Nome di Gesú all'Argentina）。始建于 1568 年，1584 年建成。首席建筑师：贾科莫·巴罗奇·达·维尼奥拉（Giacomo Barozzi da Vignola）和贾科莫·德拉·波尔塔（Giacomo della Porta）。

的问题上没有共识一样。

本书探讨了 20 世纪初作为学科出现，至今仍是大学和学术界认可的一门学科——建筑史学（architectuaral historiography）。此处"学科"这一术语的使用比较随意。人们在谈到建筑史的"学科性"时可能会有所犹疑，对于建筑史是否在任何自主意义下都能作为一门学科存在，目前尚未达成共识。那些自诩为建筑史学家的人很少一开始就接受建筑史的教育，多半是在接受了建筑学、艺术史或其他相关领域的本科教育后再转入建筑史研究。这并没有阻碍他们坚持沿着一个比较连续的脉络进行探究，也没有阻碍他们撰写出同样具有延续性的一系列建筑史著作。这些建筑史学家具有多种相关背景，既可能是修复保护建筑遗迹的顾问，也可能是关注建筑学术史的学者，这将引出本书之后探讨的一系列议题。

建筑学是一个热门话题，受到众多非专业人士的关注。在对讨论设定限制时，我们理应明智一些，不要忽视感兴趣的各类受众。狭义来讲，我们可以把建筑史的学术实践，定义为在大学、学术界、博物馆和研究机构进行的与建筑史相关的教学和研究活动，比如博士生书写论文，学者著文出书。[2] 但需要提醒的是，忽略与学者一样对建筑史感兴趣的发

[2] 盖蒂研究中心（Getty Research Institute，洛杉矶）、美国国家美术馆视觉艺术高级研究中心（Center for Advanced Studies in the Visual Arts at the National Gallery，华盛顿）、加拿大建筑中心（Canadian Center for Architecture，蒙特利尔）、斯特林和弗朗辛·克拉克艺术学院（Sterling and Francine Clark Institute，马萨诸塞州威廉斯敦镇）、法国国家历史艺术研究所（Institut National d'Histoire de l'Art，巴黎）是负责艺术史和建筑史相关项目的主要研究机构，同时也负责出版研究员的成果。研究建筑史的重要资料库还包括以下机构：罗马的赫尔茨安南图书馆（Bibliotheca Hertziana in Rome）、维琴察帕拉迪奥国际建筑研究中心（Centro Internazionale di Studidi Architettura［CISA］'Andrea Palladio' at Vicenza）、佛罗伦萨郊外的伊·塔蒂别墅（即今天的哈佛大学意大利文艺复兴研究中心，Villa I Tatti of Harvard University）、图尔的文艺复兴高等研究中心（Centre d'Études Supérieures de la Renaissance at Tours）、瑞士艾因西德伦的沃纳·奥克斯林私人图书馆（Stiftung Bibliothek Werner Oechslin in Einsiedeln）、伦敦的沃伯格研究所（Warburg Institute）以及其他重要的大学收藏机构。这份名单虽不完整，但展示了建筑史学术研究的一系列背景。

烧友、业余爱好者所收集和处理过的资料是非常愚蠢的行为。

许多建筑师并非专业学者，但他们可以凭借职业优势去探究自己安身立命的职业的悠久历史。职业作家，如记者、传记作者和游记作家，也经常把建筑学当作写作对象。他们对建筑史学的贡献体现在咖啡桌上的书籍、建筑传记和指导手册上——这些是现有学识的派生，但也并非全部。同样，当地方史学家的研究与建筑环境密切相关时，也会以建筑学为主线撰写历史。例如，宗教组织与教堂或修道院相关，大学与学校的建筑群或校园有关。当建筑作品、室内设计、建筑文件或者城市规划能解释它们各自学科和专业的相关问题时，考古学家和其他专业的历史学家也经常以建筑为主题进行写作。

更不用说围绕恢复、保护历史纪念碑和场所而展开的研究了，这是当地建筑史的依托。我们能回忆起一些针对某地区建筑的综合性指导手册，如 1926 年吉利·洛伦采蒂（Guilio Lorenzetti）所著的威尼斯及其周边地区的指导手册，或 1951 年尼古拉斯·佩夫斯纳（Nikolaus Pevsner）开始撰写的英国建筑系列丛书，或自 1993 年以来在北美建筑史学家学会指导下出版的多卷美国建筑史。[3]

和建筑史学家一样，这些作家对建筑学有着同样的兴趣，尽管他们并不需要了解建筑史的学术传统、研究方法，也不需要推进建筑史成为一门至关重要的现代学科。但是，这些研究提供了很多有益的细节，并把一些独特的细节与普遍的、有意义的知识联系起来，激起了大众对建筑学及其历史的兴趣，使建筑史的受众更加广泛，内涵更加

---

[3] Giulio Lorenzetti, *Venezia e il suo estuario. Guida storicoartistica* (Venice: Bestetti & Tumminelli, 1926); Engl. edn, *Venice and its Lagoon*, trans. John Guthrie (Padua: Edizioni Erredici, 2002). "佩夫斯纳建筑指南"(The Pevsner Architectural Guides) 的完整目录和历史发展，请参见：www.pevsner. co.uk。美国建筑物详情，请参见建筑史学家协会的官方网站：www.sah.org/index.php?submenu= Publications&scr=gendocs&ref=BUS&category=Publications。

丰富。然而，学术型的建筑史学家也可能对此类研究做出解释，认为这些研究超越了大学、博物馆和研究机构项目，以及专业论坛[4]和学术期刊[5]所规定的学术活动的严格制度范畴，而这些专业的学术活动是建筑史学的制度形式。

在此书中，我希望把建筑史理解为一个研究领域，它引起人们的广泛兴趣，为建筑、相关遗迹和城市建设吸引投资，同时在专业和学术层面具备严谨的学科属性。这一类型的建筑史学研究建筑学的历史，在不同程度上考虑了这门学科对于参与建筑建造的各方的效用。在这一整体限定之下，我的研究范围试图更加广泛，包括一系列方法与实例，思考影响建筑史学家创作的学术局限和其他问题。考虑到《什么是建筑史》一书必须具有问题意识，我在现代学术研究领域对其进行观察，这类研究在文化史和艺术史的模式下进行，并从 19 世纪末开始广泛流行。

近来，建筑学这一概念甚至已经扩展到可与组织结构、传播、法律

---

[4] 北美建筑史学家协会（以下简称协会）成立于 1941 年；英国建筑史学家协会成立于 1956 年；澳大利亚和新西兰建筑史学家协会成立于 1985 年。1980 年，美国的乡土建筑论坛（Vernacular Architecture Forum）成立，以顺应研究专业化趋势，国际传统环境研究协会也因此于 1988 年成立。这些协会或论坛每年都会举办一到两次会议。自 1988 年以来，现代建筑运动的史学家每年参加两次国际工作小组的会议，以存档并保护现代建筑运动的建筑物、遗址和社区。2004 年，英国的建筑人文研究协会启动了每年召开两次会议的规划，旨在把建筑史学家置于其他学科和跨学科领域之中。2010 年，基于一系列小型的全国建筑会议和两国合办会议，欧洲建筑史网络的首次会议在葡萄牙的吉马良斯举办。建筑进一步成为众多世界艺术史会议中的鲜活课题，包括高校艺术协会（CAA）、艺术史学家协会（AAH）、文艺复兴研究协会、现代研究协会和艺术史国际会议等。当然，每年除了这些有组织的、规律性的会议，还有在机构、学会、图书馆和大学里举办的数以百计的专家会议，以及在其他地方举行的专家会议。

[5] 旨在研究建筑史的杂志包括：*Journal of the Society of Architectural Historians*（以下简称 *JSAH*, 1941–), *Architectural History*（1956– ）和 *Fabrications: The Journal of the Society of Architectural Historians, Australia and New Zealand*（1989– ）。自 1958 年以来，国际建筑研究中心出版了杂志 *Bollettino*，1989 年出版了杂志 *Annali*。1972 年德国杂志 *Architectura: Zeitschrift für Geschichte der Baukunst* 开始发行。多年以来，学术机构和文化研究所已经出版了众多与建筑研究相关的会议记录和报告。除了这些特定的（代表性）杂志之外，建筑课题还出现在艺术史、美学和历史学的跨学科杂志、文化研究评论，以及在建筑人文科学的广泛分类下的建筑史杂志中。自 20 世纪 70 年代以来，我们见证了建筑人文科学的蓬勃发展。

相类比的境地。纵观历史，这并不是这一领域面临的新考验。建筑史学家面临的最持久、最奇特的挑战在于，这种历史写作所涉及领域的突出特点是概念和技术的流动性。建筑很少有跨越时间和地域而一成不变的特点，建筑的外观、技术、材料、用途、状态等都在变化。一些人意识到，探究工业革命和随后时代之间的本质区别和差异是很重要的；一些人则乐于假想，认为从文艺复兴甚至中世纪开始，建筑保持着长期的延续性，并对当今建筑师的作品产生影响；还有一些人眼光更加长远，他们暂且不考虑建筑本身被赋予的价值、目的或状态，认为建筑中的活动才是建筑史的素材，如房屋、空间制造或居住的历史。历史视角的问题会在下文讨论。这些框架有时会导致自身的时代错置（ana-chronism），有时会揭露他人作品中的时代错置。正如我们所看到的，在任何一种情况下，建筑史正如一面镜子，映照出建筑领域；在这一领域中，建筑学为了从历史角度定义自己而自我审视，这面镜子始终在历史学家手中。

　　令人惊讶的是，很少会有书籍对建筑史的方法和局限采用地域包容的观念，但是，不同国家和地区的本地发展状况都得到了深入研究。戴维·沃特金（David Watkin）编写的《建筑史的崛起》（*The Rise of Architectural History*，1980）和西蒙纳·塔伦蒂（Simona Talenti）的《法国建筑史》（*L'histoire de l'architecture en France*，2000）都是具有重要学科意义的地域研究，研究的区域包括法国、英国、德国、澳大利亚和瑞士。[6]《一般问题和历史批判方法论问题》（*Problemi generali e problemi di metodologia storico-critico*）选集由布鲁诺·泽维（Bruno

---

[6] Simona Talenti, *L'histoire de l'architecture en France. Émergence d'une discipline (1863–1914)* (Paris: Picard, 2000); David Watkin, *The Rise of Architectural History* (London: Architectural Press, 1980).

Zevi）和保罗·波托盖西（Paolo Portoghesi）编写，囊括了关于建筑学的研究方法和史学问题的文献资料，是重要的教学工具书。[7] 同样，《建筑设计》（*Architectural Design*，1981）中"关于建筑史的方法论"的专题，是集建筑学研究路径和观点的经典文章汇编。[8] 伊夫·布劳（Eve Blau）[9] 和泽伊内普·切利克（Zeynep Celik）[10] 自 20 世纪 90 年代末起主编的《建筑史学家学会杂志》（*Journal of the Society of Architectural Historians*），介绍了世界建筑史领域的主要教学、研究进展以及主要教学和研究机构。美国建筑史学家团体一直重视建筑史学的学术和机构传统，特别是在 1990 年庆祝建筑史学家学会（SAH）成立 50 周年后的一段时期更是如此。[11] 英国、法国、德国、荷兰、意大利、澳大利亚和新西兰 [12] 也关注有利于建筑史学家工作的国家或区域体系下的概念和机构基础。

　　近年来，探寻建筑史学家学术传记的趋势，让我们对他们个人的工作对这一领域做出贡献的方式有了更多了解。雷纳·班纳姆（Reyner Banham）、约翰·萨默森爵士（Sir John Summerson）、亨利·拉塞尔·希契科克（Henry Russell Hitchcock）、佩夫斯纳、泽维、柯林·罗（Colin

---

[7] Luciano Patetta (ed.), *Storia dell'architettura. Antologia critica* (Milan: Etas, 1975), 17–54.

[8] Demitri Porphyrios (ed.), 'On the Methodology of Architectural History', special issue, *Architectural Design* 51, nos. 6–7 (1981).

[9] Eve Blau (ed.), 'Architectural History 1999/2000', special issue, *JSAH* 58, no. 3 (September 1999).

[10] Zeynep Çelik (ed.), 'Teaching the History of Architecture: A Global Inquiry', special issues, *JSAH*, Part I, 61, no. 3 (September 2002): 333–396; Part II, 61, no. 4 (December 2002): 509–558; Part III, 62, no. 1 (March 2003): 75–124.

[11] Elisabeth Blair MacDougall (ed.), *The Architectural Historian in America: A Symposium in Celebration of the Fiftieth Anniversary of the Founding of the Society of Architectural Historians*, Studies in the History of Art 35, Center for Advanced Study in the Visual Arts Symposium Papers 19 (Washington, DC: National Gallery of Art; Hanover and London: University Press of New England, 1990); Gwendolyn Wright & Janet Parks (eds.), *The History of Architecture in American Schools of Architecture, 1865–1975* (New York: Temple Hoyne Buell Center for the Study of American Architecture and Princeton Architectural Press, 1990).

[12] Andrew Leach, Antony Moulis & Nicole Sully (eds.), *Shifting Views: Selected Essays in the Architectural History of Australia and New Zealand* (St. Lucia, Qld: University of Queensland Press, 2008).

Rowe）、曼弗雷多·塔夫里（Manfredo Tafuri）等在过世多年后仍被人们研究，人们关注他们的工作与当代建筑师、建筑理论家、建筑史学家实践的关系。帕纳约蒂斯·图尼基沃蒂斯（Panayotis Tournikiotis）1999 年撰写的《现代建筑的历史编纂学》（*The Historiography of Modern Architecture*）是针对建筑现代主义的历史编纂学的重要研究。安东尼·维德勒（Anthony Vidler）的《关于迫睫之当下的多维历史》（*Histories of the Immediate Present*，2008）亦是如此，该书深刻而细致地探讨了埃米尔·考夫曼（Emil Kaufmann）、柯林·罗、班纳姆和塔夫里 4 位颇具影响力的战后历史学家关于当代建筑学的论战。[13] 在接下来的章节中，我们将会讨论上文刚提及的几位人物，以及批评家和学者对他们的评价。

还有一个略有不同的派别，马尔格雷夫（Harry Francis Mallgrave）在 2005 年撰写的《现代建筑理论的历史》（*Modern Architectural Theory: A Historical Survey*）是最近 20 年建筑学术史上最重要的主题研究之一，这部著作有助于理解汉诺–沃尔特·克鲁夫特（Hanno-Walter Kruft）在《建筑理论史》（*Geschichte der Architekturtheorie*，1985）中的权威研究。[14] 塔夫里在 1968 年的研究著作《建筑学的理论和历史》（*Teorie e storia dell'ar-chitettura*）中，对 15 世纪以来历史在建筑文化中不断变化的地位进行了广泛评估，同时对其中历史学家的研究工具以及任务进行了理论反思。[15] 在针对建筑史学家工作的理论反思方面，这部著作的地

[13] Anthony Vidler, *Histories of the Immediate Present: Inventing Architectural Modernism* (Cambridge, Mass.: MIT Press, 2008).

[14] Harry Francis Mallgrave, *Modern Architectural Theory: A Historical Survey, 1673–1968* (Cambridge: Cambridge University Press, 2005); Hanno-Walter Kruft, *Geschichte der Architekturtheorie: Von der Antike bis zur Gegenwart* (Munich: C. H. Beck'she, 1985); Engl. edn, *A History of Architectural Theory from Vitruvius to the Present*, trans. Ronald Taylor, Elsie Callander & Antony Wood (New York: Princeton Architectural Press, 1994).

[15] Manfredo Tafuri, *Teorie e storia dell'architettura* (Rome: Laterza, 1968); Engl. edn, *Theories and History of Architecture*, trans. Giorgio Verrecchia from 4th Italian edn (London: Granada, 1980).

位仍然无可比拟。

作为一系列书籍，它们与其他具有学科探究意识的书籍已经对建筑史的现状和历史、建筑史学家作为个人或者所属学派的实践方式、建筑学中历史知识的构成，以及建筑学中学术或理论活动的历史意义进行了各有创见又互相关联的探索。这些也为本书提供了有力的背景，本书力图展示这些书籍如何对我涉及的问题给予精妙解释。

《什么是建筑史》分为 5 个章节。第一章首先讨论现代建筑史的一系列修辞、分析和历史主义传统，并从中总结出建筑史自身的短板和问题。无论这些路径多么遵从现当代的学科规范，这一章表明在 20—21 世纪建筑史学家遇到的众多冲突和复杂问题，在一定程度上都可归因于当初建筑史作为成体系的研究领域进入大学时的多种起源。第二章讨论历史学家讲述过去并根据风格的统一与变化、时期或建筑物等重要类别，而将过去系统化的一些策略。基于以上，第三章转向讨论证据、证据对建筑史概念化的意义，以及建筑史的概念化对建筑史学家的工具和承担的任务的影响等主题。第四章通过分析建筑史和其专业受众之间的关系，以及时代错置、历史传统和某一建筑计划对建筑史领域的渗透所引发的概念性问题，探讨了手段或操作的问题。现代主义建筑史学家的这一倾向在 20 世纪后期遭到众多谴责，但是我们认为这是试图在作品生产、反思和批判之间努力划定界限的建筑文化所特有的议题。这就把我们引入第五章的讨论，该章研究了近些年的建筑史，以及建筑学"理论的重要时刻"对于建筑史学家的影响。[16]

自然，这促使我们思考当今时代，以及"当今，什么是建筑史？"这一难题。在这一点上，美国建筑理论家 K. 迈克尔·海斯（K.Michael

---

[16] 对比：Ian Hunter, 'The History of Theory', *Critical Inquiry* 33, no. 1 (Autumn 2006): 78–112。

Hays）最近写道：

> 建筑史学家的主要任务不是描述建筑物或建筑师，不是出版传记、说明手册和专业评论，尽管他们也这么做。建筑史学家更应关注建筑知识和实践活动所依赖的大环境：关注多种文化意识形态、历史和世俗的表现形式。[17]

要理解这种观点与最开始引用的沃尔夫林的建筑史概念的趋同性，乍一看并不困难，因为建筑史学的基本材料是建筑物的基础作用。但是，正如我们将要看到的，在历史学家指定建筑学的要点之外，建筑史的工具和材料的可利用性取决于建筑史学家从相邻学科吸取知识的能力，最重要的是从他们的研究对象中学习的能力，包括研究建筑学著作，了解建筑学这一学科从古至今赖以存在的学术、艺术以及技术文化背景，以及明了建筑学在文化实践中无穷无尽的要求。

---

[17] K. Michael Hays, 'Notes on Narrative Method in Historical Interpretation', *Footprint* 1 (Autumn 2007): 23–30, 23.

第一章

作为一门现代学科的基础

一直以来，古物研究者、历史学家、建筑师和考古学家都在研究过去的建筑。研究建筑意味着观察建筑物和城市、文物和遗迹、历史古迹和纪念雕塑，同时也要思考它们如何变成现在的样子。建筑也是一面持久的镜子，可以映射出设计、建设以及居住在建筑物中的人们的生活状态。当我们通过其他渠道对建筑稍有了解之后，继续探究建筑物如何以及为何建造，可以丰富我们对建筑的认知。只要现在的人们对过去的建筑感兴趣，不同层次的学者和学生提出的关于建筑的问题就会覆盖更多受众。早在一个世纪以前，当建筑史作为新兴的艺术史的一部分出现在德语授课的大学时，它借鉴了众多学科尤其是考古学、文献学和建筑学中的研究方法、概念框架和学术规则。许多方法、框架和学术规则已由一代又一代的建筑史学家加以改造，现在已经成为建筑史的一部分。

在某种意义上，建筑史最初就是人人都可接触到的大众学科，它早已在其母学科的受众中备受关注，与母学科共同发展成为现代学科。例如，自18世纪以来，在学校或建筑学院有抱负的建筑师们早已接受了建筑史的教育，为他们未来的职业发展奠定了基础，培养并保护了一系列经典作品，构建并定义了传统，尤其是古典传统。长期以来，艺术史学家把建筑视为一种视觉艺术，因此建筑师可以和所有的艺术家——画家、雕刻家和版画家相提并论。尽管艺术家传记这一文学体裁被"科学的"艺术史所取代，19世纪末以来，这一约定俗成的观念仍然根植于人们的意识之中，同时建筑作品也成为正式的图像读物。自18世纪以来，考古学家已经搜寻到位于地中海、爱琴海、亚得里亚海和红海周边的众多古代建筑遗址。中世纪的建筑学同样也给考古学家带来各种值得思考的问题。在不列颠群岛、北欧及中欧地区，对中世纪的研究孕育了艺术和建筑史的早期课题，也为最初的建筑修复与保护工作提供了知识。在德国和英国，对中世纪建筑的研究则影响了浪漫主义和民族主义的复兴。在19世纪中期，德国早期的文化史学界把建筑学视为文明存在的证据、与历史同等重要的资源，以及视觉和造型艺术中的"科学"。在这一背景下，建筑学与版画复制艺术一样，可以帮助历史学家直观地理解文化和文明的运行方式。建筑物就像档案，在与其他类型的档案结合时能被更好地理解。

　　众多历史学研究和分析传统对建筑史学家来说有着不同目的。在过去一个半世纪中，建筑史已经成为一个具有特定规范的研究领域。一些人视建筑史为一门学科，有自己独立的知识体系、研究问题和工具；另一些人则把建筑史理解为本质上跨学科的研究；还有一些人仍然认为，建筑史是体系庞大的建筑学、艺术史、考古学和历史学科中的一个分支。即使是那些据理力争、要求建筑史学科独立的人也发现，因为其起源的多样性，为建筑史找到独立于其他学科、没有与其他学科混淆、无可置疑的核心内容是很困难的。

从历史角度定义建筑学

一些研究建筑史的学者认为建筑史就是研究重要建筑师和建筑作品。目前这一立场广受指责，特别是在 20 世纪八九十年代人文学科后结构主义的相对化兴起之后，在与建筑相关的人文学科领域更是如此。[1] 实际上，这一观点仍然存在，只是说法不同。作家们仍然会引用佩夫斯纳《欧洲建筑纲要》(*An Outline of European Architecture*，1943) 开篇那句举世闻名的格言：“自行车棚是一个建筑物，林肯大教堂则是一个建筑作品。”[2] 不管人们是否相信建筑的这种分类，是否相信佩夫斯纳在这种类别下研究出的成果，这个说法（和佩夫斯纳）以大家都熟悉的方式界定了建筑与非建筑。这是区分概念差异和类别差异的基础，这些差异也决定了建筑史研究的范畴。20 世纪大部分建筑史学均受到了以上基础差异及其对历史问题的适用性、所依赖的历史判断和围绕它的意见分歧的影响。

建筑史学家在很多议题上仍存在严重分歧，例如：建筑师历史教育的基本内容、艺术史学家的建筑学知识、人类学家对传统社区的研究、军事史学家关于堡垒要塞的知识、经济史学家对于建筑物和城市规划与贸易互动的理解、宗教史学家关于建筑对礼拜仪式之表达或对元老院命令之回应等。尽管建筑师经常声称他们研究历史作品有得天独厚的独特视角，但实际上，任何一种立场都不具有超越其他观点的绝对性。人们有时把建筑学当作独立学科来研究，但很多时候也把建筑学

---

[1] 对比：John Macarthur, 'Some Thoughts on the Canon and Exemplification in Architecture', *Form/Work: An Interdisciplinary Journal of Design and the Built Environment* 5 (2000): 33–45。

[2] Nikolaus Pevsner, *An Outline of European Architecture*, 2nd edn ([1943], Harmondsworth: Penguin, 1951), 19.

当作研究其他本质上并不与建筑相关的问题的依据。研究 20 世纪 20
年代建造的房屋，我们可以了解当时某一地区的社会和生活水平、阶
级结构和性别角色以及在这些问题上的地域差异。我们也可以从建筑
中得知当时的技术以及技术对人们家庭生活、消费模式和品味的影响。
在那些建筑学可以为社会或技术史学家提供一定线索的地方，建筑史
学家可能希望知道"传统"的房屋如何让位于现代规划或建筑物部件
的大规模生产。因此，建筑学成为理解其自身设计者或者建造者的决
定及认识的依据。建筑物是一种象征还是问题的征兆？其意义主要在
于在建筑学还是历史学呢？

　　建筑史学家乐意看
到这些模棱两可的地方。
把建筑学拉向不同的学
科方向，意味着建筑学
这门学科将要接受来自
不同角度、永无休止的
检验，但这有助于建筑
史学家扩展知识面，从
而进一步完善这一学科。
在如何研究建筑史这一
问题上，不论是在会议、
大学校园还是其他讨论
过这一问题的机构中，
都没有达成过根本性的
一致意见。这反映了我
们将要考虑的学术传统

图 2 《佛罗伦萨》，该画作约于 1420 年完成，原本打
算当作托勒密（Ptolemy）《地理学》（*Geografia*）一书
中的插图。

通过一些不同的模式，在现代建筑史每次出现迭代时都被给予特殊的视角和结构。

　　这些观察还算不上是对在"现代"建筑史出现之前，建筑史学的系统阐释。相反，这些发现指向 20 世纪初，是在与其他类型历史研究的区别愈趋明显后，建筑史所带来的概念和方法问题。建筑史继承了那些之前帮助理解和传播建筑史知识的其他学科的特色，并逐渐制度化，在质疑中不断发展。在建筑学术史发展的最初的百年内，史学议题中的影响、风格、分类、主要概念范畴（规划、空间、样式等）、进展和变化、修复和保护、研究手段、分析单位、历史知识的渗透性，这些研究分类塑造了过去一个世纪建筑史的发展样貌。通过这样的方式，史学方法为从过去的建筑学中寻求经验、了解过去建筑的发展轨迹和具体叙述，并以历史术语定义建筑学这一长期传统提供了新的形式。

建筑史——建筑师的遗产

古代的建筑学理论

　　建筑史现存最早的记录源于公元前 1 世纪末，维特鲁威（Vitruvius）时任建筑师兼工程师，为了得到罗马帝国的津贴，他记录了罗马建筑物的建造过程，并概述了这些建筑的基本原则。两千年后，我们不能指望维特鲁威对于建筑学的理解还能对当今的读者有所裨益。然而，在他的作品《建筑十书》（De architectura）中，建筑师通晓建筑材料及其特性、建筑方法、规划和选址，以及声效、供暖、光照和色调知识。他认为建筑学有赖于"秩序、布置、协调、均衡、得体和经济"的原则。[3] 他也认为有价值的建筑物应该坚固、实用而且美观。[4] 维特鲁威声称要记录下他生活的时代以及之前的时代一直实践的建筑学原则，这些原则使得凯撒·奥古斯都大帝（极有可能）"了解到现存建筑物和还未建成的建筑物的品质"。[5] 那时，维特鲁威有两大抱负：第一，他试图从形式、语义和实际用途三个维度解释过去的建筑；第二，他尽力通过研究得出能够帮助建筑师建出好建筑的种种原则。正如他写给罗马皇帝的信中所说的那样，由于知晓希腊和罗马优秀建筑所应用的种种原则，他能够更好地评判他所生活的时代的建筑。那些服务于皇帝的建筑师借鉴维特鲁威的观点，并将其应用到新建筑物和纪念碑的构想和建造中。

维特鲁威在罗马建筑史的过渡期进行创作，与此同时，影响建筑物形式、布置和装饰的建筑构图和工程设计的本土原则，开始顺应来自希腊和小亚细亚的建筑潮流，这种建筑风格在希腊帝国 5 世纪时的黄金时代就逐渐流行。维特鲁威的著作虽用罗马语撰写，却映射出爱奥尼亚和希腊大陆的历史建筑。从公元前 2 世纪开始，罗马人就非常重视这一地区的艺术和建筑学，罗马人了解从西班牙、英国到亚美尼亚和叙利亚等许多遥远国度的建筑艺术。在征服希腊之后，罗马学习了希腊艺术化的建筑手法。维特鲁威所描述的罗马融合了罗马及其领地的多种建筑风格，形成了混合的建筑文化。罗马欣然接受了希腊文化带来的持久而强大的影响，这对罗马有百利而无一害：由于崇拜希腊、模仿希腊——因为希腊更具历史感，是有着柱式、横梁和三角楣的艺术化建筑的发源地——罗马建筑也成为光辉的典范。

---

[3] Vitruvius, *The Ten Books on Architecture*, trans. Morris Hicky Morgan ([1914], New York: Dover, 1960), 13.

[4] Vitruvius, *Ten Books*, 7.

[5] Vitruvius, *Ten Books*, 4.

从庇护所发展到建筑艺术

《建筑十书》一书中有两处描述了维特鲁威时代罗马建筑学的起源：在远古时代（第Ⅱ书），人们围火而聚，这是人们交流和社区形成的基础，也产生了对住所的需求；希腊人（第Ⅳ书）赋予住所、庇护所和社区传统以秩序和意义，他们在这方面毋庸置疑具有权威，得到了后世的效仿。希腊的建筑学遵循了上述原则，希腊的建筑师创造了建筑学术语，后来被罗马人学习、改造和发展。在希腊模式的基础上，正如维特鲁威所呈现的，建筑师熟练地运用比例和装饰来建造美观、舒适和功能合理的建筑物。

我们可以看一下维特鲁威在第Ⅳ书（1.8）中如何展示希腊的三种柱式风格（多立克柱式、爱奥尼亚柱式和科林斯柱式）。他写道，"后人更喜欢纤细的比例"，认为多立克式圆柱不如爱奥尼亚式圆柱细长。他也认为模仿"少女纤细身材"的科林斯式圆柱是最好的，"少女的腰身和双臂，因为正处妙龄，更加纤细，戴上

图 3 塞巴斯蒂·塞利奥（Sebastiano Serlio），《塞利奥建筑与透视学著作全集》第 2 版（1544 年），第Ⅲ书《关于古迹》，关于万神殿建筑细节的研究。

装饰品更加漂亮"。[6] 早期的现代论著认为维特鲁威的规则较为严格且固定。塞巴斯蒂·塞利奥（Sebastiano Serlio，1475—1554）和安德烈亚·帕拉第奥（Andrea Palladio，1508—1580）在对尚存纪念性古迹的研究中，对罗马建筑师使用柱式的比例和装饰的随意性感到困惑。维特鲁威把希腊柱式与人的身体联系起来（分别是男人、妇女和少女），这也决定了柱式的应用。例如，军官的宅邸多会采用粗犷的多立克式柱式，而非精细的科林斯式柱式；在蒂沃利和古罗马广场的维斯塔神庙，使用了科林斯式柱式，而非更加稳重的爱奥尼亚柱式和笨重的多立克式柱式。

记录和论述

《建筑十书》展示了一种关于建筑学的记录与论述相结合的写作方式。15 世纪后的建筑论著模仿这本古籍，发展了这一写作方式。我们很难用现在的视角衡量维特鲁威的发现以及他有时略显沉重的话语在那个时代的重要性。但是，似乎可以肯定的是，从罗马帝国的衰落到文艺复兴的前期，其论著并不是建造建筑的重要指导。中世纪学者把《建筑十书》视作与李维（Titus Livy）或普罗提诺（Plotinus）论著相提并论的经典文本，或许因为此书洞察了罗马在天文学、占星术和空气动力学领域的观点。作为一本建筑史书，它为 15 世纪后的作家提供了写作范本。该书包含了关于过去和建筑技艺的知识，这些描述来源于在维特鲁威著书之时已经存在了几百年的神话传说和纪念碑。维特鲁威解释了建筑艺术和科学的来源，并在此基础上阐述了当时建筑学发展的一系列原则和偏好。简单说来，维特鲁威试图提炼出古代建筑文明的精华，并将

---

[6] Vitruvius, *Ten Books*, 104.

其传授给他生活的那个时代以及后来的建筑师们。

　　莱昂·巴蒂斯塔·阿尔伯蒂（Leon Battista Alberti）写作的《论建筑》（*De re aedificatoria*）一书共有十卷，大约于 1452 年成稿，正值尼古拉五世（Nicholas V，1447—1455）任职教皇之时。该书深受绘画理论的奠基之作——阿尔伯蒂的《论绘画》（*De pictura*，1435）的启发。在论述透视和绘画之时，阿尔伯蒂把砖瓦灰浆的现实世界和艺术项目的知识领域区分开来，通过数学公式和绘画将现实世界缩放于纸上。正如里克沃特（Rykwert）所言，对于阿尔伯蒂来说，维特鲁威与其说是风格的典范，还不如说是内容的典范。[7] 作为一位擅长诗歌、哲学、外交和法律的人文主义学者，阿尔伯蒂强调古典建筑学的原则；他假设如果西塞罗（Cicero）拥有维特鲁威的技术知识，他也会遵守同一原则行事。阿尔伯蒂为 15 世纪（他生活的时代）的受众撰写文章，尽管他认为其目标受众是建筑师，但实际上他的读者远不止这些。作为一名建筑师，阿尔伯蒂表现出坚实的建筑学技术基础。维特鲁威著作的第 II 书和第 IV 书把建筑学的起源和发展归因于围绕技术形式语言的社会文化过程：围火而聚的社会互动，基础庇护所的秩序。阿尔伯蒂发展、改变维特鲁威的理论，把建筑师定义为建立社会形态和秩序的代理人。因此，在论述建筑学起源时，阿尔伯蒂显然将历史的权威置于首位："既然要探讨建筑物的特点，我们就应该在博学的先人们的作品中收集、比较、提取出最合理、最有用的建议，并将自己借鉴这些著作时遵循的原则收录到我们的文章中。"[8] 阿尔伯蒂吸纳了前辈们的建议，借鉴了他们的典例，撰写出一部建筑学著作。这部著作并不是对那些先驱作品的直接模仿，而是

---

[7] Joseph Rykwert, 'Introduction', *On the Art of Building*, by Leon Battista Alberti ([*De re aedificatoria*, Rome, 1452]; Cambridge, Mass.: MIT Press, 1988), x.

[8] Alberti, *On the Art of Building*, 7.

把维特鲁威当作一个范式，并以同样的范式工作，但服务于不同的目的
且使用不同的语域。这就建立起能够把 15 世纪与历史联系起来的原则：
这一原则不仅体现在著作中，而且体现在建筑学上。

建筑史学

在得出这些观察结论时，必须谨记的一点是，历史学家编写历史时
所依赖的建筑学并没有超越历史、跨越地域本身的固定含义。正如佩夫
斯纳在 1942 年对中世纪建筑的历史编纂学进行考察时得出的结论，许
多建筑史著述中不合时代地应用了"建筑师"和"建筑学"这两个术
语。[9] 在某种程度上，建筑史通常由历史学和历史编纂学理论塑造，从
而决定建筑作为职业、学科、艺术、手艺、科学或技艺的历史范围和内
容。15—16 世纪编写的有关建筑学的文献为经典制定了标准，它们成
为当代建筑在概念和技术上可以借鉴的著作。这些著作在建筑范例留下
的经验基础之上阐释了建筑文献的写作原则，把建筑学构想为有着深厚
底蕴但又不断变化的实践活动，与这一构想相关联的历史学深深根植于
建筑文化之中。建筑学趋向于以自己的史学家而非历史度量自己，即使
它声称要超越历史，即使这些研究维度与建筑学的概念毫无关联。

尽管最近几十年来将西方的伟大建筑学经典作为标准在某些方面
受到质疑（或者遭到彻底批判），但是，这些建筑经典是那些为专业受
众写作的历史的重要来源，并把建筑史等同于当今建筑实践的遗产。这
样的历史不只是建立了过去的作品为当代建筑学提供先例、范式或模型
的规则，也超越了建筑师延续"家族"宗谱的想法。更精妙的是，每一

---

[9] Nikolaus Pevsner, 'The Term "Architect" in the Middle Ages', *Speculum* 17, no. 4 (October 1942): 549–562.

部为建筑师撰写的历史都阐释了一系列"建筑学"，确定了研究的范围和术语，使当今读者在思想上、职业上、艺术上或技术上与过去联系起来。一部建筑史不一定要像维特鲁威的《建筑十书》或阿尔伯蒂的《论建筑》那样，把建筑师的知识和实践置于历史之中。事实上，大多数建筑史的写作都没有这么做。作为现代建筑史学家尤其依赖的丰富的历史体系，这些历史著作在对象材料与专业受众、委托赞助人、与建筑文化有关的文化人士之间建立了强有力的关系。许多建筑史学家非常乐意带着艺术和文化使命来协调这些关系。

作为艺术家的建筑师

画家、雕刻家、建筑师

在《著名画家、雕塑家、建筑家传》（*Le Vite dei più eccellenti pitori, scultori ed architettori*，1550，1568 年再版）一书中，既是画家又是建筑师和传记家的乔治·瓦萨里（Giorgio Vasari），提到一个经久不衰的观点，即把画家、雕刻家和建筑师归为艺术家、能工巧匠。[10] 该书首次记录了意大利文艺复兴时期赫赫有名（现在和当时一样有名）的艺术家的传记和历史。它是艺术史的一部开山之作，同时也是促成建筑学与艺术史家的持久联系的知识和制度传统的基石。瓦萨里在西方艺术史经典中描绘了艺术家和工匠建造的建筑，这些艺术家和工匠也就是我们现在称呼的建筑师。对于艺术史学家和建筑史学家，瓦萨里继

---

[10] Giorgio Vasari, *The Lives of the Artists*, trans. Julia Conaway Bondanella and Peter Bondanella ([1550, rev. 1568], Oxford and New York: Oxford University Press, 1991).

续塑造着对"作为艺术家的建筑师"这类人的历史看法，他们的艺术形态及所富含的内在动力使得我们可以洞察其艺术生活，他们的艺术生活也同时被其艺术作品所记录。艺术作品承载了艺术家的某种特质，不管是瓦尔特·本雅明（Walter Benjamin）所提到的难以捉摸的"光晕"（aura），或是乔瓦尼·莫雷利（Giovanni Morelli）与伊万·拉莫利夫（Ivan Lermolieff）提出的耳垂和指甲的生动细节所展示的特征，还是艺术家与自己同时代人共同分享的形式和语义结构。[11] 尽管这种理解艺术的模式已变得过时，但在其限定范围内发现的一系列原则，在某种程度上形成了我们所认为的独立于或基本独立于艺术史的现代建筑史撰写的早期表征。

艺术家修辞

瓦萨里的《著名画家、雕塑家、建筑家传》为人们提供了了解艺术和艺术家的方法，自 16 世纪以来，这种方法已被反复应用。很明显，在乔瓦尼·彼得罗·贝洛里（Giovanni Pietro Bellori）的《现代画家、雕塑家和建筑师传记》（*Le Vite de'pittori, scultori ed architetti moderni*，1672）[12] 或艾尔弗雷德·勒罗伊（Alfred Leroy）的《中世纪以来法国艺

---

[11] 参见：Walter Benjamin, 'Das Kunstwerk im Zeitalter seiner technischen Reproduzierbarkeit'。这篇文章最初以法文发表：'L'œuvre d'art à l'époque de sa reproduction mécanisée', *Zeitschrift für Sozialforschung* [French edn] 5, no. 1 (1936): 40–68。英文版本：'The Work of Art in the Age of Mechanical Reproduction', in *Illuminations: Essays and Reflections*, ed. Hannah Arendt (New York: Pimlico, 1969), 211–244。Carlo Ginzburg, 'Spie. Radici di un paradigma indiriziaio', in *Crisi della ragione*, ed. Aldo Gargani (Turin: Einaudi, 1979), 57–106; Engl. edn, 'Morelli, Freud and Sherlock Holmes: Clues and Scientific Method', trans. Anna Davin, *History Workshop Journal* 9 (1980): 5–36.
[12] 参见英文版本：*The Lives of the Modern Painters, Sculptors, and Architects*, trans. Alice Sedgwick Wohl & Hellmut Wohl ([1672], Cambridge and New York: Cambridge University Press, 2005)。

术家的家庭生活轶事》(*La Vie familière et anecdotique des artistes français du moyen-âge à nos jours*,1941)[13] 中,都可以发现瓦萨里带来的影响。通过这些书名,可以看出它们忠于《著名画家、雕塑家、建筑家传》一书建立的艺术家传记体裁,尽管其与瓦萨里 16 世纪的著作大有不同。瓦萨里创立了一种应用古代修辞的写作体裁,这种修辞对于我们理解艺术家的养成和作品,对于我们在建筑史学术范围之外理解"建筑师即艺术家"这一隐喻,有着重要意义。这些均在《艺术家的传奇故事》(*Die Legende vom Künstler*)中有所探讨,该书于 1934 年由瓦尔堡研究院的研究人员恩斯特·克里斯(Ernst Kris)和奥托·库尔茨(Otto Kurz)出版 [14];在 20 世纪 70 年代末,此书被译成英文后立刻受到广泛关注,由此引起巨大反响。它提供了一种思路,帮助人们了解瓦萨里所关注的已有两千年历史的文学和修辞传统。克里斯和库尔茨观察到,艺术家们通常依据大量显而易见的传统进行自学,效仿自然(雕刻木头、在泥土中画出各种形象),描绘家畜(艺术家在绘画、效仿自然时往往描绘这些家畜)。艺术家往往受到欣赏其技艺的重要人物(另外一个艺术家,或贵族)的赞赏,之后他们会成为学徒,其天才得以培养,直到能够独立行艺。例如,在瓦萨里的书中,拉斐尔就是朱里奥·罗马诺(Giulio Romano)的师傅。在他们的培养中,重要的是系统地培养独立性,以便艺术家可以独立创作。在对米开朗基罗生平的叙述中,瓦萨里也从这

---

[13] Alfred Leroy, *La Vie familière et anecdotique des artistes français du moyen-âge à nos jours* (Paris: Gallimard, 1941).

[14] Ernst Kris & Otto Kurz, *Die Legende vom Künstler: Ein historischer Versuch* (Vienna: Krystall, 1934); Engl. edn, *Legend, Myth and Magic in the Image of the Artist: An Historical Experiment*, trans. Alistair Laing with Lottie M. Newman (New Haven, Conn.: Yale University Press, 1979). 克里斯和库尔茨与维也纳学派富有影响力的施洛塞尔教授(Julius von Schlosser)共同研究建筑史学。艺术史、建筑史学家贡布里希(Ernst Gombrich)、奥托·帕赫特(Otto Pächt)、弗里茨·萨克斯尔(Fritz Saxl)和汉斯·泽德迈尔(Hans Sedlmayr)都师从施洛塞尔教授。

一角度介绍了洛伦佐·德·美第奇
（Lorenzo il Magnifico，又名 Lorenzo
de' Medici）。

作为佛罗伦萨迪赛诺学院（the
Florentine Accademia del Disegno，
建立于 1562 年）成员，瓦萨里认
为艺术概念（创作艺术）、生物概
念（在生命中创造生命）和炼金
术（把一种物质变成更高级的东
西）体现了相同的创造过程，而可
为艺术家所掌握。[15] 绘画、雕刻和
建筑设计介于神的创造和魔力，以

图 4 《朱里奥·罗马诺的肖像》，提香·韦切利奥（Tiziano Vecellio）于 1536 年左右所作。

及上帝对自然世界的把握和魔术师的能力之间。艺术的最高形式是模
仿（mimesis），建筑师作为一名艺术家，通过对自然中数学原理的理解
展示出了模仿自然的能力，包括控制平面、立面和装饰比例的规则和关
系。掌握了模仿就意味着掌握了创作的自由。在维特鲁威讲述的艺术
起源故事之中，这一原则就已经危在旦夕。在犹太和基督教传统文化
中，上帝是艺术家的典范，艺术家做的工作和上帝做的工作类似。通过
了解神圣的比例体系，艺术家也可以创造奇迹，可以从细节中看到全
局，因而拉丁俗语"由爪识全狮"（"ex ungue leonem"）描述了菲狄亚
斯（Phideas）只看到狮子的爪子，就能雕刻出整只狮子的技艺。[16] 同样，
从柱子的柱头中，建筑师可以制定出整栋建筑的几何原则，之后加以调

---

[15] 参见：Lionel Devlieger, 'Benedetto Varchi on the Birth of Artefacts: Architecture, Alchemy and Power in Late-Renaissance Florence', Ph.D. dissertation, Ghent University, 2005。

[16] Kris & Kurz, *Legend, Myth and Magic*, 93.

整，以便达到放大或缩小的效果。

如果假定瓦萨里给予这些古代比喻以文学推论，他同样也将其融入历史学的惯例之中，而这一做法决定了整个 19 世纪有关建筑师和其他艺术家的写作形式。借此，他为艺术史中的建筑师正名，并开创了此后艺术史写作内容中介绍建筑师的传统。瓦萨里和以《著名画家、雕塑家、建筑家传》为典范撰写历史的其他建筑史学家都很重视建筑师，这为后来的历史学家带来了许多共性问题：建筑师的生活如何影响他（她）的工作（传记的因果关系）？在何种程度上，我们可以从作品中看到建筑师的身影（属性，作者身份）？艺术家所处的机构或历史背景（情景因果关系）、教养和文化（心理因果关系）、"家族中的大师级人物"（家族影响）或是阶级、种族、性别和性倾向会产生怎样的影响？对建筑作品中建筑师特殊地位的分析是建筑史写作中最持续的问题之一。[17] 建筑师所展现出来的"魔力"是创造建筑史的重要维度。

无名建筑史

再回到最初引用的海因里希·沃尔夫林的话语中来，19 世纪末艺术史学术界的新目标促成了根本性的转变，也就是转向对艺术的系统研究，以及在艺术中对建筑的系统研究。这使得历史学家的注意力发生转移，从传记简介和艺术轶事的传播和出处的选择、对风格和形式变化过程的传记性和科学性研究，转到对艺术的意义及其社会地位的研究。艺术史撰写中所发生的变化对建筑史学家产生了直接的影响，一些建筑史学家的学术训练和从业经历本就是在艺术史领域。

---

[17] 对比：Guido Beltramini and Howard Burns (eds.), *L'Architetto. Ruolo, volto, mito* (Venice: Marsilio, 2009).

撰写《文艺复兴与巴洛克》25 年之后，沃尔夫林在 1915 年的《美术史的基本概念》（*Kunstgeschichtliche Grundbegriffe*）的第一版中表达了雄心壮志，即编写一本"无名艺术史"（*Kunstgeschichte ohne Namen*）[18]。在这本书中，所有的艺术作品都将脱离艺术家而独立存在，一幅画作、一处雕塑或者一座建筑物将不会署名为某一艺术家或建筑师的作品。对任何一个艺术品的正式解读均需考虑超越时间的特征，专注于艺术的要素，而剔除艺术家传记的影响等因素。由此看来，建筑风格史和建筑物的外观随时代变化的原因再一次变得重要起来。问题不再是马代尔诺（Carlo Maderno）从米开朗基罗身上学到了什么，博罗米尼（Borromini）又从马代尔诺身上学到了什么，而是经典的文艺复兴建筑的品质和特征如何被巴洛克风格取代（沃尔夫林著名的形式比较的基础，我们将随后展开讨论）。当然，这一学术转变既不是在学术真空也不是在文化真空中出现的。19 世纪由雅各布·布克哈特（Jacob Burckhardt）倡导的文化史，在决定艺术史学的新术语时发挥着重要的作用。18 世纪德国思想家康德（Immanuel Kant）和赫尔德（Johann Gottfried von Herder）所领导的哲学和美学的发展，也发挥了同样的作用。

　　缩短艺术作品与当下的批判距离，是现代艺术史学从艺术家转向艺术作品本身的一个重要方面。这是通过从艺术史作品中辨认出与史学家笔下的世界相呼应的抽象机制和概念来实现的。艺术会比艺术家更为长久，建筑学和建筑师之间的关系亦是如此。只要它们能继续存

---

[18] Heinrich Wölfflin, *Kunstgeschichtliche Grundbegriffe. Das Problem der Stilentwicklung in der neueren Kunst* (Munich: Bruckmann, 1915); Engl. edn, *Principles of Art History: The Problem of Development of Style in Later Art*, trans. M. Hottinger from 7th German edn (New York: Dover, 1950). 术语"Kunstgeschichte ohne Namen"一词仅出现在该著作的第一版中。

在并且与当今文化相关联，依照这一逻辑，它们就永远存在于当代。[19]
沃尔夫林和他这一代人的作品在深入与批判的距离之间探索到了一个
平衡点，这对于 20 世纪中期及之后的建筑史学的拆分有着重要影响。
尽管沃尔夫林在《美术史的基本概念》的后续版本中放弃了"无名艺
术史"的说法，但是，这一想法激起了艺术史与艺术家纪念碑式传统
的彻底决裂。

建筑学和艺术史

19 世纪末，建筑史和绘画及雕刻史一样，均受到艺术史学史变化
的影响。正如瓦萨里解读文艺复兴早期艺术一样，沃尔夫林通过上述路
径解读了 16—17 世纪的艺术作品。我们应该感激 19 世纪末、20 世纪
初艺术史学家作品在有所创新的同时，也延续了以前的传统。事实上，
在整个 20 世纪不同背景的建筑史学家的作品中始终存在建筑师作为艺
术家这一形象。意大利人斯塔尼斯劳·拉斯凯蒂（Stanislao Fraschetti）
曾于 1900 年出版了关于贝尼尼（Bernini）的传记，对他来说，一个建
筑作品证明了一个人的艺术造诣和技能。[20] 尽管与历史分析和评估有持
久的相关性，但理解艺术的影响、地理差异以及归因的工具和诀窍等技
巧在很大程度上受益于瓦萨里在 16 世纪首先明确提出的系统分类。受
到形势和环境的影响，人们开始从不同层面评价建筑师，而非仅仅从艺

---

[19] 对比：Benedetto Croce, 'History and Chronicle', in *History: Its Theory and Practice*, trans. Douglas Ainslie ([1911–1912], New York: Russell & Russell, 1960), 22。

[20] Stanislao Fraschetti, *Il Bernini. La sua vita, la sua opera, il suo tempo* (Milan: Hoepli, 1900); Sarah McPhee, 'Costanza Bonarelli: Biography versus Archive', in *Bernini's Biographies: Critical Essays*, ed. Maarten Delbeke, Evonne Levy & Steven Ostrow (University Park: Pennsylvania State University Press, 2007), 315–376.

术家的修辞和形象这一角度来进行。[21]

建筑学和经验主义知识

建筑史和经验主义

    在维特鲁威和阿尔伯蒂对建筑的历史解读中，在因瓦萨里及其追随者而变得不朽的艺术家生活中，延续几个世纪的对古代和中世纪文化的前现代建筑遗存的记录，给人们提供了另外一种从历史角度了解建筑学问题的途径。现代建筑史学家也从这一传统中有所借鉴。从 18 世纪起，经验主义科学兴起，建筑物、遗迹和纪念雕塑以其艺术价值为人所知并产生了广泛的影响。对于记录建筑的考古学家，或借用考古学家测量、记录、分析和推断的工具的建筑师来说，知道建筑师或建造者的身份，或判断建筑物或遗迹是否称得上建筑艺术品都不重要。因为考古学把建筑学视为一个基于已有的证据进行观察、测量和推断的客观研究课题。

    那些记录古代建筑物和古城址的人们并非没有动机，他们或者是帝国领土扩张的代理人，或者是来自埃及沙漠和罗马土地上的更高等文化的倡导者。而他们的分析方法却违背了这些动机，这与 19 世纪末崛起、20 世纪发展起来的文献学类似，凸显了对纯粹文化知识的不懈追求。加之考古学作为记叙现存遗迹的实证基础，其重要性日趋突显，因而摆

---

[21] 参见：Louis Callebat (ed.), *Histoire de l'architecte* (Paris: Flammarion, 1998); Andrew Saint, *Architect and Engineer: A Study in Sibling Rivalry* (New Haven, Conn.: Yale University Press, 2008); Spiro Kostof (ed.), *The Architect: Chapters in the History of the Profession* (Oxford and New York: Oxford University Press, 1977)。感谢巴特·费斯哈费尔特（Bart Verschaffel），通过他，我才注意到这些研究。

脱了例如李维描绘的古代世界的图景，旨在真实、准确地记录他曾经描述过但现在已经深埋地下的遗迹。

从阿尔伯蒂时代，尤其在阿尔伯蒂支持的罗马古建筑重新得到赏识时开始，已经出现了勘测现存古城址遗迹的传统，以便当代建筑更好地学习它们。[22] 位于佛罗伦萨（1418—1436）的圣母百花大教堂的新穹顶由布鲁内莱斯基（Filippo Brunelleschi）设计，它是致敬罗马万神殿古老穹顶的一个有名范例。据称，这一穹顶是在多纳太罗（Donatello）的帮助下，布鲁内莱斯基根据自己对罗马万神殿结构的第一手研究而建造的。[23] 建筑著作通常会包含尺寸和比例图，通过实证主义方式，利用古代结构和遗迹的建造原则来推动建筑设计的发展。因此，对过去作品的勘测是对维特鲁威和阿尔伯蒂提出的比例、形式和语义系统的完善过程。

研究过去

塞利奥、帕拉第奥和皮罗·利戈里奥（Pirro Ligorio，1510—1583）开展的古物研究阐明了古物研究者、考古学家和建筑师之间的区别。塞利奥《建筑的一般规则》（*Regole generali di architettura*）于 1537 年出版，是从对古建筑的测量中得出建筑学规则和原则的七本建筑学著作中的第一本。他的五卷本《建筑与透视学著作全集》（*Tutte l'opere d'architettura et prospetiva*）囊括了古建筑、纪念碑及古迹的实测图和投影视图（第三

---

[22] Hubertus Gunther, *Das Studium der antiken Architektur in den Zeichnungen der Hochrenaissance* (Tübingen: Ernst Wasmuth Verlag, 1988).

[23] Antonio di Duccio Manetti, *The Life of Brunelleschi*, ed. Howard Saalman, trans. Catherine Enggass (University Park: Pennsylvania State University Press, 1970), 50–55.

卷）。帕拉第奥同样吸取了古罗马建筑学的经验，这使他的建筑艺术之历史成就达到巅峰，同时也为他的作品提供了宝贵经验。他的《建筑四书》（*Quattro libri*，1570）的第Ⅳ书记述了大部分仍然保存完整的建筑物，从此书中可以了解他从残存的遗迹（部分围墙或柱子等）中进行的推理；第Ⅱ书则通过个人作品实例，展示了几乎完全在过去消失了的建筑类型，如宅邸和其他"小型"的建筑。[24]

皮罗·利戈里奥倾向于把罗马视为古代建筑的遗址，与早期考古学家所认定的研究路径一致。他（从 1549 年起）发掘了位于蒂沃利的哈德良（Villa Adriano）离宫，并自 1561 年起开始绘制古罗马地图——《古代城市形象》（*Anteiquae Urbis Imago*），为一个世纪之后詹巴蒂斯塔·诺利（Giambattista Nolli）绘制《罗马新地图》（*Nuova pianta di Roma*，1748）和皮拉内西（Giovanni Battista Piranesi）绘制《古罗马战神广场》（*Campo Marzio dell'Antica Roma*，1762）这两个权威地图，提供了重要参考。[25]

在 16 世纪的塞利奥、皮罗、帕拉第奥等人的研究中，始终贯穿着一种罗马文化的权威性。然而，这些建筑师测量的目的是为了现代建筑能从古代遗迹中获取更详细的经验。法国科学家兼医生克劳德·佩罗（Claude Perrault，1613—1688）认为罗马建筑柱式测量的多样性使得任何一种柱式都无法成为自然权威的代表，提出了"绝对美"和"相对美"的区分。按照"绝对美"的标准来讲，多立克柱式和其他柱式相对于周

---

[24] Branko Mitrovic, 'Andrea Palladio and the Writing of Architectural History', *History as Practice: 25th Annual Conference of the Society of Architectural Historians, Australia and New Zealand*, ed. Ursula de Jong & David Beynon (Geelong, Vic.: SAHANZ, 2008), cd-rom, 2–3.

[25] 皮罗的《古代城市形象》请参考网站 http://db.biblhertz.it/cipro/ 上"罗马地图的图解目录"（2009 年 8 月 24 日访问）。对比：Lola Kantor-Kazovsky, *Piranesi as Interpreter of Roman Architecture and the Origins of his Intellectual World* (Florence: Leo S. Olschki Editore, 2006)。

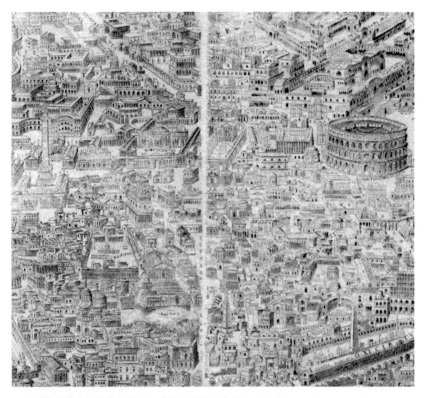

图 5 《古代城市形象》局部图，皮罗·利戈里奥作，1561 年。

长的区别不符合人人都能欣赏的美的普遍标准。基于古典传统教育，建
筑师可以接受不同柱式间的微小差异。在"相对美"中，既可以看到柱
式的规律性，也可以发现其中的创新之处。在同等条件下，要想所有的
建筑都有美感，就需要进行科学的测量并遵循均衡法则，以替代高等教
育常讨论的人文主义应有的对差异的宽容。了解某一传统文化中的"相
对美"，意味着接受其随时间发生的变化。

在论著《古典建筑的柱式规制》（*Ordonnance des cinq espèces de
colonnes selon la méthode des Anciens*，1683）中，佩罗基于实证研究得
出比例、高度、周长和其他数据的平均值，提出了建筑柱式新的规则体

系。[26] 他提出的建筑史研究方法和自然史研究方法并无差异。他反对希腊和罗马的柱式规则，在他手中，它们成为布置、构图和装饰的理性体系。他认为在实证的基础上可以构造出经典建筑物，柱式可以独立于起源历史而被使用。柱式的权威性是历史性的，与已知的古建筑物有关，并不基于包含建筑美感的神话。

希腊和罗马之争

克洛德·佩罗的弟弟查尔斯·佩罗（Charles Perrault）十分清楚哥哥深入探索的建筑学问题的深刻哲学含义。从 1688 年到 1697 年，查尔斯编写了四卷本的《古今之比较》（*Parallèle des Anciens et des Moderns en ce qui regarde les arts et les sciences*），明确将罗马和它的人文主义辩护者与对"古人"的复古依恋之情联系起来，认为希腊提供了古建筑的反面教材，它落后于（现代）法国。

这一争论围绕巴黎和罗马展开。一方面，可以看到后人文主义者感谢古代为当代文明所赋予的生命和文化意义。罗马作为纪念碑群和建筑遗迹群的整体概念，连接了当前和光辉的过去。正如不久之后法国贵族发现的那样，所有的经典作品（包括罗马的经典作品）不得不证明自己始终有价值。巴黎的思想家认为希腊与罗马同等重要。希腊的历史更为悠久，也具有更深厚的底蕴，它曾是罗马学习的典范，有着孕育了两千年西方文明的先进社会。

---

[26] Claude Perrault, *Ordonnances des cinq espèces de colonnes selon la méthode des anciens* (Paris: Coignard, 1683); Engl. edn, *Ordonnances for the Five Kinds of Columns after the Method of the Ancients*, trans. Indra Kagis McEwen (Santa Monica, Calif.: Getty Center for the History of Art and Humanities, 1993).

从 18 世纪中期开始，随着奥斯曼帝国的停滞和衰落，对希腊的探索变得愈加可行。法国考古学家朱利恩–戴维·勒·罗伊（Julien-David Le Roy），以及由詹姆斯·"雅典人"·斯图亚特（James 'Athenian' Stuart）和尼古拉斯·里维特（Nicholas Revett）组成的英国团队在广泛的遗址研究的基础上，出版了希腊遗迹实测图系列。这些遗址研究包括勒–罗伊的《希腊最美丽的史迹》(*Les Ruines des plus beaux monuments de la Grèce*, 1758)和英国人出版的更全面的四卷本（之后五卷）书籍《雅典古迹》(*The Antiquities of Athens*，1762—1816、1830)。[27] 因此，18 世纪是关于前希腊帝国的知识爆炸的时代，紧随其后的便是"现代人"的时代。

然而，在古典传统和古罗马建筑学已经兴起并维持数世纪之时，希腊的古建筑物和遗迹在建筑史中很大程度上是无效的存在。它们虽在文学中很有名气，而与建筑史仍有一定差距：有影响力的文献都是靠描绘而非作为第一手经验为人所知。普鲁士人温克尔曼（Johann Joachim Winckelmann）在其 1755 年出版的《对希腊绘画和雕塑作品的模仿》(*Gedanken über die Nachahmung der griechischen Werke in der Malerei und Bildhauerkunst*)一书中，认为罗马文化的显赫得益于壮丽辉煌的前希腊帝国。[28] 鉴赏家、收藏家和古文物研究者法国人皮埃尔–让·马里耶特（Pierre-Jean Mariette，1694—1777）也把希腊作为一个上古时代

[27] Julien-David Le Roy, *Les Ruines des plus beaux monuments de la Grèce. Ouvrage divisé en deux parties, où l'on considère, dans la première, ces monuments du côté de l'histoire; et dans la seconde, du côté de l'architecture* (Paris: Chez H. L. Guerin & L. F. Delatour, 1758); Engl. edn, *The Ruins of the Most Beautiful Monuments of Greece*, trans. David Britt (Los Angeles: Getty Research Institute, 2004); James Stuart & Nicholas Revett, *The Antiquities of Athens* ([1762–1816, 1830] New York: Princeton Architectural Press, 2008).

[28] Johann Joachim Winckelmann, *Gedanken über die Nachahmung der Griechischen Werke in der Malerei und Bildhauerkunst* ([Rome, 1755] Ditzingen: Reclam, 1986); Engl. Edn, 'On the Imitation of the Painting and Sculpture of the Greeks', in *Writings on Art*, ed. David Irwin (London: Phaidon, 1972), 61–85.

的现代典范。他认为旧秩序下的罗马充满神话、传说和无限神权权威。罗马对人文主义传统产生持久影响，希腊则与启蒙运动发生对话。[29]

18 世纪 60 年代，当皮拉内西和马里耶特正面交锋时，问题已经不再局限于古罗马建筑是希腊建筑的"改进"，还是伊特鲁里亚人的一种"本土的"发明。[30] 皮拉内西捍卫着罗马对古典传统所做的贡献的独创性，但是在他眼中，德国、法国和英国考古学家的发现和诺利（与皮拉内西一起工作的人）所绘制的更加夸张的罗马古迹的形象有同样的地位，也和李维的古代历史同等重要。[31] 皮拉内西被视为考古学家，善于客观描述古迹，但他对于罗马的推崇和其科学研究的细枝末节，掩饰了一种坚定的古文物研究和人文主义者的视角。相比于各自的力量，测量和神话共同促进了一个更加强大的历史整体。

过去的事实

18 世纪古建筑物和遗迹的研究方法在建筑史学中始终占有一席之地。通过观察、测量和文献记录，可以考察文物的内涵，而不用考虑其作者、意义和背景。结合文物的内涵与建筑技术的相关知识以及历史，

[29] Lola Kantor-Kazovsky, 'Pierre Jean Mariette and Piranesi: The Controversy Reconsidered', in *The Serpent and the Stylus: Essays on G. B. Piranesi*, ed. Mario Bevilacqua, Heather Hyde Minor & Fabio Barry (Ann Arbor, Mich.: University of Michigan Press, 2006), 150. 坎特-卡佐夫斯基（Kantor-Kazovsky）建议读者阅读克里斯托夫·波米扬（Krzysztof Pomian）的文章：Krzysztof Pomian, 'Mariette et Winckelmann', *Revue Germanique Internationale* 13 (2000): 11–38。

[30] Kantor-Kazovsky, Piranesi, ch. 1, 'The Graeco-Roman Controversy: Piranesi between Humanism and Enlightenment', 19–58. *Piranesi, Observations on the Letter of Monsieur Mariette, with Opinions on Architecture, and a Preface to a New Treatise on the Introduction and Progress of the Fine Arts in Europe in Ancient Times*, ed. Caroline Beamish & David Britt (Los Angeles: Getty Research Institute, 2002). 这是皮拉内西著作的英文版本。

[31] Livy, *Ab urbe condita*; Engl. edn, *The History of Rome*, 4 vols. (London: Bell, 1880–1911). Kantor-Kazovsky, *Piranesi*, 50.

就可以绘制出建筑物的建造阶段并基本确定建造年份，但这种方法的准确性在最近两个世纪以来才逐渐提高。正如法国历史学家米歇尔·福柯（Michel Foucault）所表示的 [32]，为了得到知识而获取知识的实证主义过程并非不受意识形态所影响，其对实用性、应用和权力等问题的探索领先于对知识本身的探寻。这些问题在首批现代建筑史学家的作品中并不凸显，人们试图把建筑艺术和美学联系起来，从而削弱了实证主义的作用。测量在不规范的制度环境中存活下来，成为后期建筑学历史研究的重要研究方法。

建筑学与文化

高文化与低文化

对建筑的先验理解影响了帕拉第奥和皮拉内西在建筑学方面基本的艺术和技术原则的立场，帮助他们找到各自所定义的建筑学所依赖的历史权威。古典传统明确了希腊和罗马古迹中的建筑物和纪念碑的重要性。帕拉第奥和皮拉内西积极地检验这一传统的界限，不可否认，它提供了变革的空间。在这些条件下，建筑学创新受到了历史制约。知识的系统化和高低级人工制品之间差异的扁平化，是 19 世纪中期经验主义科学传递给新文化科学（Kulturwissenschaft）——文化科学或英国人常说的

---

[32] Michel Foucault, *L'Archéologie du savoir* (Paris: Gallimard, 1970); Engl. edn, *The Archaeology of Knowledge*, trans. A. M. Sheridan Smith (New York: Pantheon, 1972). Paul Hirst, *Space and Power: Politics, War and Architecture* (Cambridge: Polity, 2005). 福柯的观点超出了本书的范围，但是近几十年来的研究表明其思想对建筑史学家产生了重要影响。

文化史的一系列遗产。学术和机构的发展为原本高贵的建筑艺术带来了问题。文化史的问题和方法现在可以用来思考任何与人类社会相关的事物：于是，研究一栋建筑物仿佛研究一双鞋一样容易。[33] 不同类型的建筑物、微小的建筑细节、非传统的风格上或地理上的分类等，都可以为文化及文化演变的研究提供信息；在这一概念立场的影响下，建筑与房屋之间的差异这一哲学问题不再重要。

一般与特殊之间

当今，建筑史学家也许会研究和以战后澳大利亚郊区"自己动手制作"的革新者，或纽约公共游泳池中的种族问题为题写作，说明这些为什么在建筑史研究范围中似乎并不必要，但是，超越经典曾经是难以想象的。[34] 当今建筑学和其历史研究范围的广泛性是 19 世纪文化科学的一项重要遗产。[35] 建筑学术史起源于四个学科传统，20 世纪发展成为一个研究领域，方法论来源于文化史。建筑史研究的材料、问题和重要性在某种程度上受其 19 世纪发展的影响，与建筑史从上述其他传统中汲

---

[33] 这一类比出自沃尔夫林的文章：Wölfflin, 'Prolegomena to a Psychology of Architecture', in *Empathy, Form and Space: Problems in German Aesthetics, 1873–1893*, trans. & ed. Harry Francis Mallgrave & Eleftherios Ikonomou (Santa Monica: Getty Center for the History of Arts and Humanities, 1994), 149–190, 183. Frederic J. Schwartz, 'Cathedrals and Shoes: Concepts of Style in Wölfflin and Adorno', *New German Critique* 76 (Winter 1999): 3–48。

[34] 参照以下文章：Joanna Besley, 'Home Improvement, the Popular and the Everyday', in *In the Making: Architecture's Past, 18th Annual Conference of the Society of Architectural Historians, Australia and New Zealand*, ed. Kevin Green (Darwin: SAHANZ, 2001), 305–312; Andrea Renner, 'A Nation that Bathes Together: New York City's Progressive Era Public Baths', and Marta Gutman, 'Race, Place and Play: Robert Moses and the WPA Swimming Pools in New York City', *JSAH* 67, no. 4 (December 2008): 504–531 and 532–561。

[35] 关于文化史的内容和理论，我参考了彼得·伯克（Peter Burke）的以下两本著作：Peter Burke, *What is Cultural History?* (Cambridge: Polity, 2004); Peter Burke, *Varieties of Cultural History* (Ithaca and London: Cornell University Press, 1997)。

取的知识一致。

在 1867 年建筑史书籍《意大利文艺复兴时期的文化》(*Die Geschichte der Renaissance in Italien*) 中，雅各布·布克哈特从文化心态以及 14、15 世纪意大利商业文化的价值两个角度介绍了建筑师地位的崛起。[36] 文艺复兴时期意大利社会中个人地位的变化——实际上社会本身的变化——使个人的艺术成就成为可能。于是，文化为人们提供了一种新的分析维度，并把个人纳入其中。布克哈特并没有忽视瓦萨里提出的比喻，他只是使用文化语言来解释艺术家。既然文化史包含艺术史和建筑史，就可以将艺术家的生活和作品作为分析的类别。自 16 世纪以来，作为传记和史学的对象，艺术家的形象过于依赖古代的测量和图式 (Patterns) 两种因素。布克哈特也解释了 14 世纪从神权到封建社会结构的转变，以及这种转变在建筑中的体现："在独立的城市中，地方政府从气势恢宏的教堂中获得自豪感与超越周边城市的满足感。这种单纯的归属感，既受社会形势的影响，也受到国家决策和税收的牵制。"[37] 文化或许会融入建筑物、画作或服装中，反过来，这些也可以被解读为文化的表现形式，这一观点给建筑史学带来了两个不同的问题。首先，建筑史学家应该如何把在文化上从属于某一特定知识或知识体系的文物看作一种自身独立的艺术形式？或者将其看作在文化之外独立运作，宣称自身为独立于文化之外的事物？其次，他们如何处理一般与特殊的关系，以了解任何特定建筑物、纪念雕塑或建筑师作品建造过程中特定的文化力量，即如何把艺术视为纯正和简单的文化表现形式？

---

[36] Jacob Burckhardt, *The Architecture of the Italian Renaissance*, trans. James Palmes ([1867], London: Secker & Warburg; Chicago: University of Chicago Press, 1985), 3.

[37] Burckhardt, *The Architecture of the Italian Renaissance*, 3–5, 3.

　　布克哈特给出了朱尔斯·米什莱（Jules Michelet）在其十七卷本的《法国历史》（*Histoire de France*，1835—1867）第七卷《文艺复兴史》（*La Renaissance*，1855）中所命名的时代的新意义和意大利特性。在该书的导言中写到建筑学时，米什莱把布鲁内莱斯基的圣母百花大教堂的穹顶作为文艺复兴建筑学的第一个例证，认为它是理性和数学的典范。他洞察到："艺术结束之时也是艺术再一次开始之时。"中世纪相对短暂的"学术时代"被理性思考、古迹再生和对世界与人类的探索发现所替代。[38] "再生"这一概念在《意大利文艺复兴时期的文化》[39] 一书中受到了制度牵引，因此，在 1888 年沃尔夫林探讨从文艺复兴到巴洛克风格的正式转变过程时，文艺复兴已经在历史学中被广泛记载。重要的是，米什莱和布克哈特认为文艺复兴既不是艺术的馈赠也不是统治者的恩赐，而是一个独立的文化实体，是自成体系的类别，其独特的表现形式为大众所知。因此，文艺复兴文化为多维度的文艺复兴艺术，如绘画、建筑学、诗歌等奠定了基础。[40] 甚至当后来的历史学家说明 14、15 世纪学术和艺术发展的技术和经济支撑时，米什莱提出的文艺复兴的广泛类别仍然是史学的主要框架，也是 20 世纪被归于艺术的建筑史学所持续强调的古迹"再生"的本质。

---

[38] Jules Michelet, *Histoire de France*, vol. VII, *La Renaisance* [1855], rev. edn (Paris: Lacroix, 1986), 10, 6.

[39] Jacob Burckhardt, *Die Kultur der Renaissance in Italien* (Basel: Verlag der Schweighauser'schen Verlagsbuchhandlung, 1860); Engl. edn, *The Civilisation of the Renaissance in Italy*, trans. S. G. C. Middlemore (London: George Allen & Unwin, 1937).

[40] 对比：Paul Oskar Kristeller, *On Renaissance Thought and the Arts: Collected Essays* (Princeton, NJ: Princeton University Press, 1980)。

艺术和文化科学中的建筑学

布克哈特认为他生活的时代比其他任何时代更有条件研究过去。"考虑到资源优势"，他写道：

> 旅行、语言学习和文献学的巨大发展把图书资料带到了现代世界中；记录变得触手可得，旅行和复制，特别是摄影使每一个人都可以接触到古迹，同时政府和学术团体出版了众多文献可供阅读，这些资料当然更加开放，更加依赖于真实历史，而不是圣莫尔（St.Maur）或穆拉托里（Muratori）的会众的例子。[41]

历史理性地看待过去，将过去视为"纯粹历史"的新能力，与19世纪自然研究中科学的主导作用有关。布克哈特认为，"这两个学术分支可以单独、客观地参与到生活中"[42]。据说他对意大利艺术和文化最有影响的评论与查尔斯·达尔文（Charles Darwin）的《物种起源》（*On the Origin of Species*，1859），以及戈特弗里德·森佩尔（Gottfried Semper）的《工艺美术与建筑的风格》（*Der Stil*，1860）出现的时间大致相同。[43] 与布克哈特的《意大利文艺复兴时期的文化》一样，这两本

---

[41] Jacob Burckhardt, 'The Qualifications of the Nineteenth Century for the Study of History' [1868–9], in *Reflections on History*, trans. M. D. H. (London: George Allen & Unwin, 1943), 24.

[42] Burckhardt, 'The Qualifications of the Nineteenth Century for the Study of History', 31.

[43] Charles Darwin, *On the Origin of Species by Means of Natural Selection, or the Preservation of Favoured Races in the Struggle for Life* (London: John Murray, 1859); Gottfried Semper, *Der Stil in den technischen Künsten; oder, Praktische Aesthetik: Ein Handbuch für Techniker, Künstler und Kunstfreunde*, 2 vols. (Frankfurt am Main: Verlag für Kunst & Wissenschaft, 1860); Engl. edn, *Style in the Technical and Tectonic Arts; or, Practical Aesthetics*, trans. Harry Francis Mallgrave & Michael Robinson (Los Angeles: Getty Research Institute, 2004).

书也尝试在一个巨大的尺度下讨论理论现象：达尔文谈论生命，森佩尔探讨文明的形成，布克哈特则谈论文化。正如布克哈特所观察到的，如果没有先进的收藏和搭配文化，没有新的复制技术，如果欧洲人和英国人没有接触到曾经未知的地方，一切都不会成为可能。对于自然科学和文化科学，都是同样的道理。[44]

在 19 世纪后期，对艺术史的学术研究 —— 艺术科学（Kunstwissenschaft，即现在的艺术史——中译注）开始在中欧的许多大学占据一席之地。1886 年，布克哈特获得了巴塞尔著名的艺术史研究讲席。艺术科学这门新学科作为一个专门的研究领域，成为区别于传记和鉴赏的 "科学"艺术研究路径。第一批艺术史学者来自文化科学领域。在这一学科分类中，建筑学是艺术史的一个分支，建筑师成为艺术家的一个类别。反之，可以从文化角度，利用当时可用的文献学和具体的证据来理解两者的关系。对于文化史学家来说，建筑学进一步以超越任何个人生活和著作的规模记录了进步，同时，建筑也是建筑学著作中提到的建筑史发展的体现，从建筑史中可以看到文明发展的清晰脉络。[45]

举例来说，布克哈特的作品区分了历史的原始资料和历史文献，历史文献巩固了建筑史的学科独立性，将建筑史的写作与新生的建筑行

---

[44] 自然和建筑之间的关系这一议题在 19 世纪的文化领域引起持续的争辩。参见：Léonce Reynaud, *Traite d'architecture* (Paris: Carlian-Goery & Dalmont, 1858); Paula Young Lee, 'The Meaning of Molluscs: Léonce Reynaud and the Cuvier-Geoffroy Debate of 1830, Paris', *Journal of Architecture* 3, no. 3 (Autumn 1998): 211–240。同时也参考了巴里·伯格多尔（Barry Bergdoll）针对 19 世纪建筑学的科学、概念和文化发展的权威和细致介绍。Barry Bergdoll, *European Architecture 1750–1890*, Oxford History of Art (Oxford and New York: Oxford University Press, 2000).

[45] 这对比了克劳德·亨利·圣西蒙（Claude Henri de Saint-Simon）和他弟子 —— 圣西蒙主义者（Saint-Simonists）的观点。参见：Robin Middleton, 'The Rational Interpretations of Classicism of Léonce Reynaud and Viollet-le-Duc', *AA Files* 11 (Spring 1986): 29–48, esp. 33, 36。

业产生的新需求相分离。他写道:"(历史的原始资料)展示纯粹的事实,因此,我们必须从中思考可以得出怎样的结论,而历史文献则预测出其中的工作并展示经过分析得出的事实。"[46] 当他的学生沃尔夫林随后着手撰写关于视觉性和视觉体验的历史时,沃尔夫林把建筑物本身当作"原始资料"进行解读。沃尔夫林的"无名艺术史"的观点很大程度上来源于布克哈特在文化层面上对文物的解读。在建筑物和服装的对比中,沃尔夫林宣称:"人类普遍的生活条件为建筑学设定了标准,任何一种建筑风格都体现了人们在某一时期的态度和举止。"[47] 沃尔夫林的学生,包括保罗·弗兰克尔(Paul Frankl)和希格弗莱德·吉迪恩(Sigfried Giedion),在建筑史领域提出的观点被广为接纳和采用,这些观点都源于对历史的这一理解。他们对现代主义时代精神即时代思潮的关注,就是有力的例证。

从布克哈特到沃尔夫林,再到弗兰克尔和吉迪恩,此学科融合三代学者的努力,一直在致力于尽力解决两个问题,即把建筑学写进文化史中以及在更宽泛的文化史的模式下书写建筑学。阿洛伊斯·里格尔(Alois Riegl)的著作正是这一复杂问题的示范。布克哈特所确保的自由中,包括针对边缘艺术史(小型作品、工艺美术和晚期风格)的研究,而且通过里格尔的锤炼,已达到了良好的效果。在他的《风格问题》(Stilfragen,1893)和《罗马晚期的工艺美术》(Die spätrömische Kunstindustrie,1901)中,里格尔通过研究装饰和点缀的"低端"艺术类别探索了艺术创作的动力。[48] 在这些实例中,他的分析"对象"是艺

[46] Burckhardt, 'The Qualifications of the Nineteenth Century for the Study of History', 28.

[47] Wölfflin, 'Prolegomena', 182.

[48] Alois Riegl, *Stilfragen. Grundlegungen zu einer Geschichte der Ornamentik* (Berlin: Siemens, 1893), and *Die spätrömische Kunstindustrie nach den Funden in Österreich-Ungarn* (Vienna: Kaiserlich-Königliche Hof- und Staatsdruckerei, 1901).

术意志（Kunstwollen），而不是文物自身。在了解建筑学如何体现艺术、文化和心理现象之后，他开始研究建筑学历经时代所发生的变化如何反映出文化最深层的变化。

"经典"文化史的分析策略和概念术语在 20 世纪早期提供了一系列建筑史学的路径，即把实证研究、文献学和知识冒险结合起来。尽管这些新的方法把建筑史作为一个研究领域而扩大了范围，一些特定的方法和动机则受到更为尖锐的批判。[49]

一门现代学科？

20 世纪中期，建筑史作为一个明确的研究领域开始兴起并发展，这反映了几十年来研究机构和知识研究的强化。作为一个学术研究领域，建筑史的兴起依赖于在文化科学模式影响下，建筑被当成历史、科学研究的对象，同时受到建筑的技术特性、著作、文章和讲座受众的专业性影响。早期建筑史通常把建筑师的传记知识、作品研究以及作品意义赏析等不同的目标联系起来，建筑师和其他问题并不与建筑学直接相关。用"建筑史学家"称呼 20 世纪中期之前的建筑师，几乎是普遍存在的时代错误。即使在二战后，这一术语的强烈的学科性也常常更多体现于母学科下的某种专业形式的工作方式中：建筑学中的艺术史学家，历史学中的建筑师。我们必须注意，最初把自己定位为建筑史学家的人很少。不管研究和撰写建筑史的人的学科地位如何，其中一些人从 19 世纪末开始在研究建筑史时跳出上述讨论传统，形成了人文主义视角下的学术

[49] Christopher S. Wood (ed.), *The Vienna School Reader: Politics and Art Historical Method in the 1930s* (New York: Zone Books, 2000), 22–43.

独立性。不管我们如何看待这种转向的共性，很重要的一点是，建筑史的学术转向在很大程度上并非协调一致，反而相当多元化。

19世纪五六十年代出生于联邦德国和瑞士的许多人，毅然决然地把建筑史视为现代学科或研究领域。例如，萨克森人科尼利厄斯·古利特（Cornelius Gurlitt）是德国建筑师联盟的主席，同时在德累斯顿科技大学教授建筑和艺术史。他确立了迄今为止仍被忽略的17世纪巴洛克式建筑学的系统性研究。[50] 其德国同事奥古斯特·施马索夫（August Schmarsow）在布雷斯劳、哥廷根和柏林教授艺术史，并于1888年在佛罗伦萨创办了艺术史研究所。其作品得益于18—19世纪美学在空间、感知和建筑学亲身体验等相关问题上的进步。[51] 里格尔在维也纳大学教授艺术史，他的同事、艺术史学家弗朗茨·维克霍夫（Franz Wickhoff）自1882年起就已经在这里教书。两人均师从莫里斯·陶辛（Mauritz Thausing），延续了陶辛对鉴赏家乔瓦尼·莫雷利（Giovanni Morelli）及其科学的、原心理分析的鉴赏和分类方法的推崇。

我们以沃尔夫林的话语开篇，其博士论文和著作延续了古利特和施马索夫的研究。他的第一部作品探讨了与在形式和心理层面理解历史建筑学的方式相关的一系列概念性问题。[52] 由于沃尔夫林相对于同时期的建筑学家年龄偏小，因此他对20世纪初建筑史学的影响更为深远，尤其值得关注的是他的学生也成就卓著。沃尔夫林与古利特、施马索夫、里格尔、维克霍夫，还有许多我们现在已遗忘的人们共同开创了艺术和

---

[50] 在以下两本著作中尤其显著：Cornelius Gurlitt, *Geschichte des Barockstiles in Italien* (Stuttgart: Ebner and Seubert, 1887); Cornelius Gurlitt, *Geschichte des Barockstiles, des Rococo, und des Klassicismus in Belgien, Holland, Frankreich, England* (Stuttgart: Ebner & Seubert, 1888)。

[51] August Schmarsow, *Barock und Rokoko: Das Malerische in der Architektur: Eine kritische Auseinandersetzung* (Leipzig: S. Hirzel, 1897).

[52] 参见：Mark Jarzombek, *The Psychologizing of Modernity: Art, Architecture and History* (Cambridge: Cambridge University Press, 1999), ch. 1; Mallgrave & Ikonomou (eds.), *Empathy, Form, and Space*。

建筑学研究的新路径。[53]

几乎还没有任何预示表明，建筑史学术研究领域会发生系统性转变。所以，他们很难提出统一的日耳曼语的学科研究方法。而且，建筑史在同一种语言环境中，也存在不同的研究路径。以德语写作的建筑史学家内部存在多样性，以法语或英语写作的史学家中也是如此。我们现在明白，建筑史没有任何一个时刻"即时互通"。这一领域的兴起有较多的偶然性，源于广阔地域中不同兴趣的融合碰撞。

在欧洲的德语区之外，英国建筑师约瑟夫·格威尔特（Joseph Gwilt，1784—1863）、詹姆斯·弗格森（James Fergusson，1808—1886）和巴尼斯特·弗莱特·弗莱彻（Banister Flight Fletcher，1866—1953）进行了深入的学术调查，追踪大英帝国对遥不可及的世界系统化的兴趣，其中也包括建筑。[54] 他们认为历史为英国、英国的殖民地和领地提供了合适（"真实"）的原则和典范。欧洲的法语地区，如法国和比利时，从各自独立但又相互关联的考古科学和建筑遗迹中获益良多。法国建筑师维奥莱-勒-杜克（Viollet-le-Duc，1814—1879）、考古学家路易·库拉若（Louis Courajod，1841—1896）和比利时历史学家安托万·斯沙耶（Antoine Schayes，1808—1856），致力于在修复和保护中世纪遗迹的更广泛项目中，围绕与其密切相关的新的民族认同问题，理解艺术和建

[53] Watkin, *The Rise of Architectural History*, esp. 1–10, 20–29, 30–32; 对比：Anthony Grafton, *What Was History? The Art of History in Early Modern Europe* (Cambridge: Cambridge University Press, 2007)。

[54] Joseph Gwilt, *An Encyclopædia of Architecture*, rev. edn ([1842], London: Longmans, Green & Co., 1881); James Fergusson, *An Historical Inquiry into the True Principles of Beauty in Art, Especially with Reference to Architecture* (London: Longman, 1849), and *History of Indian and Eastern Architecture* (London: Murray, 1899); Banister Fletcher Fletcher, *A History of Architecture for the Student, Craftsman, and Amateur, Being a Comparative View of the Historical Styles from the Earliest Period* (London: T. Batsford, 1896).

筑地域的问题。[55] 意大利的文化遗产给欧洲其他文化带来持久影响，因而备受重视，激发意大利艺术史学家阿道夫·文杜里（Adolfo Venturi，1856—1941）撰写出在意大利民族主义艺术史上具有先驱意义的《意大利艺术史》（*Storia dell'arte italiana*，1901—1940，25 卷）。在大西洋的另一侧，19 世纪美国学者本森·洛辛（Benson Lossing，1813—1891）和路易莎·卡罗琳·塔特希尔（Louisa Caroline Tuthill，1798—1879）创立了美国文化史，开启在文化接近性和地理变更的视野下回顾欧洲的漫长过程。[56]

在 19 世纪，以新的方式研究建筑史的个人和群体远比我们想象得多，以上仅是少数几个例子。许多人公开表示担忧，认为不管是根据布克哈特与米什莱定义的"文艺复兴"，还是根据其"自然"浪漫主义的反例——与中世纪建筑学相关的文化进步项目，描绘和理解新兴或复兴的民族国家、王国或帝国的历史建筑和遗迹都很困难。"危机"和"衰退"时刻可能会给这样的历史学家带来引人入胜的研究课题，这说明为过去的先进文化之崛起而欢呼的人们同样知道这文化并非永恒。

建筑艺术史和由建筑学专业人士写作以及为建筑学专业人士编写的建筑史中的许多信条，在 19 世纪中得到不断梳理。这些信条仍为 19 世纪 80 年代左右出生的学者和建筑师所用，他们几乎都在一战爆发之前形成了自己的知识体系，他们的扎实研究为现在广泛认可的建筑史学设立了研究条件、方法工具和目标。这些工作以及沃尔夫林和其同时代人

---

[55] 针对法语中"考古学"一词的概念（与德语相反），参见：Julius von Schlosser, 'The Vienna School of the History of Art: Review of a Century of Austrian Scholarship in German' [1934], trans. & ed. Karl Johns, *Journal of Art Historiography* 1（网络版本参见：www.gla.ac.uk/departments/ arthistoriography，2009 年 12 月 6 日发表，2010 年 1 月 7 日访问）。

[56] Elisabeth Blair MacDougall, 'Before 1870: Founding Fathers and Amateur Historians', and William B. Rhoades, 'The Discovery of America's Architectural Past, 1874–1914)', in *The Architectural Historian in America*, 15–20 & 23–39, respectively.

的工作最终确立了现代建筑史研究。

　　一战前后英国学者杰弗里·斯科特（Geoffrey Scott）以及马丁·布里格斯（Martin Briggs）的亲密互动表明他们吸收了沃尔夫林和古利特的研究，并在英语读者中传播了其建筑史观点，提升了其观点的影响力。与此相似，法国艺术史学家亨利·福西永（Henri Focillon，1881—1943，后来成为耶鲁大学非常有影响力的一位教授）长期关注德语世界对空间、感知和变化的研究。[57] 路易·奥特克尔（Louis Hautecœur）则质疑文化文物的时代归属、风格和系统化等问题。奥特克尔的《法国古典建筑史》（Histoire de l'architecture classique en France，1948—1957，最初只有七卷）不但回应了文杜里数年前在撰写的关于意大利建筑史的著作中提出的问题，自己也贡献良多。[58] 文杜里之前的学生，建筑师以及艺术史学家古斯塔沃·焦万诺尼（Gustavo Giovannoni，1873—1947）讨论了建筑形式和意大利遗迹扩散的城市形态的密切关系，学以致用。焦万诺尼在竭力保存过去的痕迹的同时，应对建造建筑的需要，努力平衡客户需求和对古建筑物、纪念碑的评估及保护。

　　然而，对于沃尔夫林和斯科特来说，从文艺复兴到巴洛克风格的转变极为重要，福西永在中世纪教堂和艺术形式的"再生"中发现了类似的主题。同样，德国艺术史学家威廉·沃林格（Wilhelm Worringer）在其重要著作《抽象与移情》（Abstraktion und Einfühlung，1907）中同样强调，超地理和超年代顺序的现象都可以根据关键的建筑主题识别。[59]

---

[57] Henri Focillon, *La Vie des formes* (Paris: Presses Universitaires de France, 1934); Engl. edn, *The Life of Forms in Art*, trans. Charles B. Hogan & George Kubler ([1948], New York: Zone Books, 1989).

[58] Louis Hautecœur, *Histoire de l'architecture classique en France*, 7 vols. (Paris: Picard, 1948–1957).

[59] Wilhelm Worringer, 'Abstraktion und Einfühlung. Ein Beitrag zur Stilpsychologie', doctoral dissertation, Universität Bern, 1907. Published 1908 (Munich: Piper). Worringer, *Schriften*, 2 vols., ed. Hannes Böhringer & Helga Grebing (Munich: Fink, 2004).

弗兰克尔亦是如此，他把中世纪建筑学空间和感知的问题同现代早期在意大利和其他地方出现的经典传统结合起来。弗兰克尔、沃林格和福西永根据自己的理解，提出了有关中世纪建筑学的观点，扩展了经典传统领域的重要类别和历史模式。沃尔夫林还培养了其他卓有成就的弟子，如吉迪恩感知到建筑学跨越历史发展的基本恒量，特别是"空间"，认为它在古代建筑学中就有所体现，也体现在 20 世纪中期现代建筑师的作品中。吉迪恩的著作为 20 世纪建筑史最有共鸣的主题树立了典范。

　　以上几代学者通过一系列路径，将建筑史在新的环境下置于公众的审视中，也深刻影响当今建筑界的研究。

第二章

梳理过去

鉴于现代学术中建筑史多种多样的学术和制度起源，当代建筑史学家从迥然不同的视角来处理和分析过去，就不足为奇了。本章追溯了从历史角度分析建筑的一般策略。每种策略都体现出了一种（通常是有益的）历史主义的形式，也就是过去相对于当前的概念，即当下的历史性。当赫尔德写下"连接着人类的一条细线，每时每刻都可能断掉，需要重新连接"[1]时，就是在呼吁大家关注历史性。按照风格和周期来划分年代，再按照年代来划分建筑史，是研究历史问题最早、也更为传统，但也是最持续的方法。定义特定风格、理解不同风格（哥特式到文艺复兴；文艺复兴到巴洛克）的转变成为建筑史首要的学科问题。基于以上原因，我们将会以更长的篇幅首先考虑这一路径。

在 19 世纪，风格、文化、社会和历史因素汇集在当代建筑中，促使建筑师和历史学家融合建筑风格，包括比例和装饰系统及其历史渊源，反过来又产生了一系列价值。当建筑物可以按照历史风格——古典、

---

[1] Johann Gottfried Herder, *Reflections on the Philosophy of the History of Mankind*, trans. Frank E. Manual ([1784–1791, 4 vols.] Chicago and London: University of Chicago Press, 1968), esp. 79, in 'Humanity the End of Human Nature'. 比较：Peter Kohane, 'Interpreting Past and Present: An Approach to Architectural History', *Architectural Theory Review* 2, no. 1 (1997): 30–37。

拜占庭、巴洛克等设计，历史学家如何定义风格对建筑师的理论和实践所产生的重要影响？1828 年，海因里希·许布施（Heinrich Hübsch）提出："我们需要以何种风格建造建筑？"（"In welchem Style sollen wir bauen?"）。许布施的论文在其同时代的德国建筑师和学者中引发了广泛辩论。正如一位研究者所言，建筑师"或者使用了每一种风格或者全无风格"[2]。

在同一时期，以剑桥为中心展开的围绕同样议题的讨论更加切合实际，也与其他地方的诸多讨论彼此呼应。剑桥卡姆登会（建立于 1839 年）的成员坚持英国新殖民地和领土中应沿用圣公会教堂的风格。新西兰主教乔治·塞尔温（George Selwyn）1841 年在他们的《教堂建筑者》（Ecclesiologist）杂志中写道："应该采用诺曼风格，因为风格主要由本地艺术家把握，自然要首先教会他们我们国家原有的风格。"[3] 19 世纪，风格似乎不再固定不变，人们更多考虑在特定环境下建筑物与环境的匹配。尽管德国建筑师认同 19 世纪同时代人可以在相对自由的选择范围内寻找合适的风格，剑桥卡姆登会找到了更为自然的逻辑：按照在宗教、艺术和技术进步中所体现的地域特色来选择风格。

因而，19 世纪出现的建筑风格史面临两方面的问题：一方面，人们如何理解过去，如何再现过去？另一方面，人们在文化评估和同化的长期过程中，如何吸收或者搁置建筑风格中所体现的可识别的价值？正如下文所分析的，建筑风格史对于 19 世纪全面了解世界（世界博览会、

---

[2] Carl Albert Rosenthal, 'In What Style Should We Build?', in *In What Style Should We Build?* by Heinrich Hübsch, Rudolf Wiegmann, Carl Albert Rosenthal et al., trans. & ed. David Britt ([1829] Los Angeles: Getty Center for the History of Art and the Humanities, 1992), 114.

[3] George Selwyn, 'Parish Churches in New Zealand', *Ecclesiologist* (1841), cited in Robin Skinner, 'Representations of Architecture and New Zealand in London, 1841–1860', Ph.D. dissertation, University of Auckland, 2007, 163–224, 168.

百科全书）的更广泛的文化的发展做出了贡献，这个时期人们开始构建所有事物的分类学：从昆虫、鱼、化学元素，到文化及其多种表现形式。[4] 同样地，风格和风格转变问题对于构建学科方法论，满足19世纪末建筑史学家的文化抱负至关重要，它们至少对于引领建筑史早期的学科领域起到了决定作用。

路　径

接下来的几页探讨了19世纪后期建筑史学家撰写过去的一系列方式。我们或许会认为这是与方法（method）相关的议题。在早期的案例中，不同的历史学家采用截然不同的方法，然而在近期的建筑史中，方法差异已不大明显。因此，在建筑史领域使用方法论范式，或者仅仅在方法论基础上了解建筑史学家的作品，均为徒劳无功。我们或许会去讨论方法论的偏见或忠诚，但不会拘泥于教条主义的方法论论述。

因此，对于建筑史学家阐述建筑史"单元"（unit）问题的不同方式，使用"路径"（approach）这一更加中性的说法非常有必要，同时也应该认识到，每个建筑史学家都会综合运用最适合每一个历史研究对象的框架、材料和方法。此处术语"单元"是指史学家把建筑的整个历史分割为可研究的部分——可以从各种角度解读"单元"，但是，显然建筑史学家无法全部并完整地了解发生在任何时间段、任何地方的任何事件。历史学家的路径问题可以帮助我们了解他们如何处理建筑史应有之义的无限相对主义，无限相对主义坚信所有知识都取决于其产生和代表的观

---

[4] 作为一种征兆，参见：Jean Étienne Casimir Barberot, *Histoire des styles d'architecture dans tous les pays, depuis les temps anciens jusqu'à nos jours*, 2 vols. (Paris: Baudrey et cie, 1891).

点。除了很多选集了有关方法论和理论的诸多文章和书籍外，还有关注艺术史而非建筑史的很多专题性研究，都对进一步阐释在本章中提到的一些观点有所启发。[5]

马克·罗斯基尔（Mark Roskill）的《什么是艺术史》（*What is Art History?*，1976）讨论了一系列与绘画史密切相关的概念和方法论问题，对于建筑史学方法也提出了许多有趣的观点。[6]W. 尤金·克莱因鲍尔（W. Eugene Kleinbauer）和托马斯·P. 斯莱文斯（Thomas P. Slavens）编写的《西方艺术史研究指南》（*Research Guide to the History of Western Art*，1982），对于风格、时期、转化以及解释框架的观察非常恰当。[7] 同样，他们的研究对象是艺术史。但是，他们提出的方法论议题和实例通常与建筑史中的类似或交叉。劳里·施耐德·亚当斯（Laurie Schneider Adams）所撰写的条理清晰的研究著作——《艺术方法论》（*The Methodologies of Art*，1982），囊括了一系列讨论、范例以及艺术史方法的定位。[8] 还有迈克尔·波德罗（Michael Podro）的《主要艺术史家》（*The Critical Historians of Art*，1982），是一本精妙地按照人物传记来讲述视角和路径的著作。书中主要介绍艺术史学家，但正如我们之前讨论的一样，其中许多人的著述与建筑有关，同样属于我们感兴趣的领域。[9] 在《艺术史的实践》（*Methodisches zur kunsthistorischen Praxis*，1977）一书中，奥托·帕赫特（Otto Pächt）超越建筑的艺术媒介，针对艺术家和建筑师们所共同面临的方法论问

---

[5] 欲知与建筑史学方法相关的其他文集、专刊和主题刊物，参见"进一步阅读"。

[6] Mark Roskill, *What is Art History?* 2nd edn ([1976], London: Thames and Hudson, 1989).

[7] W. Eugene Kleinbauer and Thomas P. Slavens, *Research Guide to the History of Western Art* (Chicago: American Library Association, 1982).

[8] Laurie Schneider Adams, *The Methodologies of Art* (Boulder, Colo.: Westview Press, 1996).

[9] Michael Podro, *The Critical Historians of Art* (New Haven & London: Yale University Press, 1982).

题给出了个人的独特见解。[10]

本章中，我们将探讨和梳理建筑史过去的六种路径：风格和时期、传记、地理和文化、类型、技巧、主题和类比。建筑史学家并不会仅仅使用其中的一种模式。同样，这些标题与其说是建筑史领域中的方法论图谱，不如说是对建筑史学方法的有限调查，其中每一种方法都在与其他路径的结合中得到锤炼。

风格和时期

在首次发表于 1962 年、名为《风格》的文章中，詹姆斯·阿克曼（James S. Ackerman）观察到："要想写出历史，就必须找到我们研究领域中持续存在以足以辨识，且丰富多变到具有'故事性'的因素。"[11] 对于艺术和建筑史学家来说，"作品……是最主要的数据，在作品中我们必须找到特定的、基本稳定的特点"。他写到，风格是"这些可辨识特点的合唱"[12]。艺术作品和建筑作品很少因为其内在的艺术特质而得以存留。这意味着影响建筑物构思及实现的事实和环境很容易随着时间的流逝而消失。艺术家、建筑师或工匠的目的、成长轨迹，甚至是身份都可能变得模糊，甚至完全消失。特别是在特定情况下，"风格是不可或缺

---

[10] Otto Pächt, *Methodisches zur kunsthistorischen Praxis*, ed. Jorg Oberhaidacher, Arthur Rosenauer & Gertraut Schikola (Munich: Prestel, 1986); Engl. edn, *The Practice of Art History: Reflections on Method*, trans. David Britt (London: Harvey Miller, 1999).

[11] James S. Ackerman, 'Style', in *Distance Points: Essays in Theory and Renaissance Art and Culture* (Cambridge, Mass.: MIT Press, 1991), rev. from 'A Theory of Style', *Journal of Aesthetics and Art Criticism* 20, no. 3 (1962): 227–237.

[12] Ackerman, 'Style', 3.

的历史工具；相对于其他历史学科，其对于艺术史更为必要"[13]。然而，风格是历史学家应用到历史之中的结构，而不是从过去提炼出来的逻辑。阿克曼注意到，历史学家必定会问到的问题是："什么样的风格定义可以为艺术史提供最为有用的结构？"[14]

沃尔夫林在半个世纪前的写作，便提出了构想"无名艺术史"的可能性，他同样认为，通过建筑的外观、视觉特征和随着时间流逝而发生的变化，人们可以了解建筑史。阿克曼对于风格的思考缓和了沃尔夫林方法强硬的形式主义，使风格像类别分析一样有用，而不再依附于某一刻板的教条。对于建筑史学家来说，风格史的证据便是建筑物自身。风格构成包括装饰和细节，以及根据柱式规则或其形式和体量所确定的建筑立面的视觉组织。在历史中，建筑物如何平衡稳定和变化？为什么风格随着时间的流逝而变化？我们如何分辨不同的风格？当建筑作为艺术的一个由单个作品构成的类别时，我们如何命名不同的风格时期，理解它们的兴衰起落？

沃尔夫林是将艺术中的建筑史知识系统化的先驱之一。在《美术史的基本概念》一书中，沃尔夫林基于视觉分析比较法，把分析标准应用于风格划分，继而观察到风格变化遵从由原始到古典再到巴洛克风格的循环路径。古典脱生于原始状态，而巴洛克风格之后则是衰落。《文艺复兴与巴洛克》(*Renaissance und Barock*)的导言所提出的问题便遵循了这一逻辑：在短短的几十年内，我们如何从拉斐尔和米开朗基罗走向

---

[13] Ackerman, 'Style', 3–4.

[14] Ackerman, 'Style', 4. 艺术类型取决于许多推理，参见: Beryl Lang, *The Concept of Style*, rev. edn ([1979], Ithaca & London: Cornell University Press, 1987); Caroline van Eck, James McAllister & Renée van de Vall (eds.), *The Question of Style in Philosophy and the Arts* (Cambridge: Cambridge University Press, 1995); Andrew Benjamin, *Style and Time* (Chicago: Northwestern University Press, 2006)。

马代尔诺和博罗米尼？对于沃尔夫林来讲，"巴洛克"是笼罩着贬损性
色彩的风格描述词语，意味着过度考究、过分豪华，正如"文艺复兴"
呈现出布克哈特所形容的欢庆基调——古代典范的复兴具有明确的原则
和接近完美的理念。

　　沃尔夫林的《美术史的基本概念》通过梳理其理论所依据的形式
主义分析方法，超越了这一判断，做出了更为透彻的阐释。[15] 他列举了
一系列目前广为人知的二元对立的概念，以解释古典与巴洛克建筑、画
作和雕塑之间的差异：线描与涂绘，平面与纵深，封闭与开放，多样统
一与整体统一，绝对清晰与相对清晰。沃尔夫林在巴塞尔、柏林和苏黎
世诸多大学的授课中，也应用了这项比较技巧。他会一次性展示两张幻
灯片，用于描述和解释建筑物之间的差异，从而阐释风格类别之间的不
同。在数码投影技术问世之前，同时展示两张幻灯片成为教授艺术和建
筑史的常用方法。最初这在建筑史教学中与形式主义而非图像主义相联
系，该方法随后被教师广泛采用，而他们却往往忽视了这一方法最初的
内涵。

　　对于沃尔夫林而言，风格既关注建筑的外观，也与其深层结构相
关。我们依靠风格区分不同的建筑师或作家，同时也将建筑的族系和世
代区别开来。正如演讲、写作和服饰，我们可以在不同程度上判定 17
世纪和 19 世纪以及 12 世纪和 15 世纪作品的不同。这正是彼得·盖伊
（Peter Gay）在 1974 年关于历史写作风格的著作中提出的风格概念：

　　　　风格是地毯的图案——清楚地为见多识广的收集者指明了
　　地毯的原产地和生产时间。它同样是蝴蝶翅膀上的标记——准

[15] 对比：David Summers, 'Art History Reviewed II: Heinrich Wölfflin's "Kunstgeschichtliche Grund-begriffe", 1915', *Burlington Magazine* 151, no. 1276 (July 2009): 476–479。

确地向谨慎的昆虫学家说明了物种类别。它是被告席上证人无意识的动作——绝对可靠的标志，为观察力敏锐的律师指明隐藏的证据。因此，了解风格，就意味着了解创造风格的人。[16]

那么，在阿克曼和沃尔夫林之间，我们便有了两种从历史角度解读风格的路径，每一种方法对于书写历史都具有特殊内涵。沃尔夫林坚持认为风格是作品状态的视觉展示，是时代的产物（因此也是时代的索引）。历史学家通过对艺术的认识来了解文化。历史的时期划分同样遵循这一逻辑，例如，文艺复兴首先意味着社会、政治和经济的发展，其次意味着艺术的发展。随着时代进步，正如我们所期望看到的一样，阿克曼的立场是对沃尔夫林立场的改进，他对风格的定义更实际、更灵活：

> "风格"一词定义了某种特定的潮流——可以通过作品（或是作品的某个局部）辨识出艺术家、地点或时间。然而，用风格定义某一艺术单品的特点却并不充分。独特性和潮流互不相容。对风格进行定义的好处在于，通过建立关系，风格可以在庞大且自足的统一体中制造出各式各样的秩序。[17]

20世纪，许多艺术和建筑史学家认为风格是一种有用的"混乱防护"（protection against chaos）。[18] 在这种思想下，埃米尔·贝阿德（Émile Bayard）于1900年左右写成《对艺术风格的认识》（*L'Art reconnaître*

---

[16] Peter Gay, *Style in History* (New York: Basic Books, 1974), 7.

[17] Ackerman, 'Style', 4.

[18] Ackerman, 'Style', 4–5.

les styles），该书综合讨论了建筑、装饰、纪念碑和（他关注的）家具的风格。[19] 贝阿德提出，风格从根本上来说是面相学（physiognomic）的。正如动物和蔬菜一样，建筑和家具陈设也如此，人们可以追踪新物种和原有物种之间的发展关系，而这些都是对"自然"的种种束缚和"进化"倾向的回应。当然，我们会思考、"识别"风格，正如我们从类别角度识别个体特征一样，这是 19 世纪自然科学思想的产物。它有赖于大多数建筑史学家已不再认可的严密的分类学素养，曾是 20 世纪初风格建筑史学最为重要的一个方面。这代表了 19 世纪的典范，特别是弗格森（Fergusson）和弗莱彻，在弗朗索瓦·伯努瓦（François Benoit）发起的全球研究（从古代到中世纪）中显而易见。[20]

与风格相关的是比例、装饰、色彩或其他决定建筑物外观的固定规则，但仅仅了解这些还不够。鉴于很多人完全不接受建筑史构建风格体系的概念，取而代之的是不恰当地按时间顺序进行的分组，其似乎是乔装打扮的风格分类。其他争论围绕着使用风格和周期的术语的得体性开展，这些术语后来被应用于历史现象中，作为定义风格的工具（罗马式、哥特式、洛可可式），同时，建筑师也使用风格标签把同时代的建筑进行归类（国际风格、后现代主义、解构主义）。风格也许理顺了杂乱局面，使人们再一次回忆起阿克曼所说的话，或者通过历史学家的技巧赋予建筑与生俱来的历史性，可以促进以上例证中的建筑物成为博物馆的展品。后一种方法列出了单个案例得以据此归类的诸多准则，在这些准则之内又产生次级分组。专家可以区分荷兰国际风格和北美风格、加利福尼亚风格和新英格兰的差异。进步历史学家和建筑理论家或许认为后现代历史主义是保守的，同时将正统后现代

---

[19] Émile Bayard, *L'Art de reconnaître les styles* (Paris: Librairie Garnier Frères, 1900).

[20] François Benoit, *L'Architecture, Manuels d'histoire de l'arte*, 4 vols. (Paris: Laurens, 1911).

主义和新先锋派定以现代主义的进步基调。[21]

　　这些范例被有意模糊设置且易于批驳，暴露了根据外观来梳理建筑史范式时所面临的不可避免的谬误。任何依照风格或时期组织历史建筑物和纪念碑的方式都会涉及调和个别实例与规范性准则的问题，很少有案例可以不需要调和单一建筑物与建筑规范就能加以衡量。当标签为历史学家提供了一种有用的视觉触发器后，往往会引发有益的质疑；当这些标签被视为"软"规则而加以应用时，人们会意识到例外情况不仅仅是未实现的完美模式。新近出现的风格术语"文艺复兴时期的哥特式"（Renaissance Gothic）就是一个很好的例子，历史学家意识到庞大而单一的风格–周期术语不足以描述历史范例。[22]

　　在这一点上，我们应该暂时转向建筑史学中对风格划分的一个应用，即在与建筑遗产相关的法律案件中，尤其是在最近两个世纪的案例中，探寻关于某一建筑典型特点的争论过程。目前的建筑在何种程度上体现了联邦风格（Federation Style）、乔治亚风格（Georgian Style）、新古典主义或现代主义风格？注意这些风格的首字母都是大写的，意味着这些风格都有严格定义。对于提供证据的建筑史学家，这类评估看似过时，但是在建筑史学术研究之外，它们有着强大的牵引力，并且仍然是在形式主义和审美学的基础上，对建筑遗产进行分类和保护的有用工具。[23]

---

[21] 在这个问题上，参见：Mark Crinson & Claire Zimmerman (eds.), *Neo-avant-garde to Postmodern: Postwar Architecture in Britain and Beyond*, Yale Studies in British Art 21 (New Haven, Conn.: Yale University Press, 2010)。

[22] Ethan Matt Kavaler, 'Renaissance Gothic: Pictures of Geometry and Narratives of Ornament', *Art History* 29 (2006): 1–46. 国家艺术史研究所的一个会议在题目 "Le Gothique de la Renaissance" 下，对这个配对的某些细节进行了讨论（巴黎，2007 年 6 月 12 日至 16 日）。

[23] 这一观点利用了约翰·麦克阿瑟（John Macarthur）针对我所做出的评论，麦克阿瑟已有能力做出此评论。比较：Paul Walker & Stuart King, 'Style and Climate in Addison's Brisbane Exhibition Building', *Fabrications* 17, no. 2 (December 2007): 22–43, esp. 23–28。

图 6 文艺复兴时期的哥特式建筑：老史蒂芬·韦勒（Stephan Weyrer the Elder），讷德林根圣乔治大教堂的中堂和唱诗班拱顶，1500 年。

19 世纪和 20 世纪早期建筑史学家多以形式主义和分类学路径探讨风格，这比对风格和时期的古板区分更加有效，也在之后的作品产生了更大的影响，从而在许多案例中，促使很多建筑和建筑史作品探讨哲学和文化深层次结构中的问题。这同样使建筑史学家在年代顺序而非传记的基础上，探讨建筑和视觉艺术（主要是绘画和雕塑）的关系，我们随后将会再谈论传记。这样就把艺术产出和时间联系起来，引发了一个意味深长的问题：在何种程度上，时间限制了建筑师的实践活动？是技术、宗教、社会习俗、品味、经济和其他外在因素影响了建筑的外观并赋予了其改变的能力吗？还是建筑根据自身的理论体系，控制着自己的形式法则？这些问题仍有待讨论。一些建筑史学家接受了阿诺德·豪泽尔（Arnold Hauser）的邀请，在社会而非风格的基础上写下了《无名建筑史》（*Kunstgeschichte ohne Namen*），他们认识到，建筑的外观会受到与建筑艺术及传统完全无关的因素的影响。[24] 文艺复兴的古典主义展现了 14 世纪和 15 世纪新兴的经济、宗教和政治状况对意大利半岛的影响。因此，把文艺复兴建筑作为分析单元，而非把该类建筑的统一风格视为纯粹的建筑现象。从这一视角分析，是将建筑看作历史力量的证据，这种力量中的各因素在从封建社会到市场经济出现的过程中保持相对稳定，直到罗马被洗劫，宗教战争预示着另一种社会和文化根基的根本性转变。

这一时期的建筑史中，查尔斯·布罗（Charles Burroughs）、曼弗雷多·塔夫里（Manfredo Tafuri）和黛博拉·霍华德（Deborah Howard）都探讨了建筑受制于超艺术（extra-artistic）的力量的问题，但他们是在文化史范围内进行讨论，把文艺复兴视作包含全部表达形式的具有凝聚力的时代。[25] 根据重大历史事件和历史凝聚力的不同程度对建筑史进行划分是米什莱和布克哈特文化史的遗产。这种划分方式承认建筑是文化的显现，因此是历史证据的一种形式——通过一系列文化和社会现象所展现出来的历史力量的痕迹。

在 20 世纪 50—60 年代，针对 16 世纪意大利艺术和建筑手法主义

[24] Arnold Hauser, *Social History of Art*, 4 vols. ([1951–], London: Routledge & Kegan Paul, 1962); and *Philosophy of Art History* (London: Routledge; New York: Knopf, 1959), esp. 'Wölfflin and Historicism', 119–39.

[25] 参见，例如：Charles Burroughs, *From Signs to Design: Environmental Process and Reform in Early Renaissance Rome* (Cambridge, Mass.: MIT Press, 1990); Manfredo Tafuri, *Venezia e il rinascimento. Religione, scienza, architettura* (Turin: Einaudi, 1985); Engl. edn, *Venice and the Renaissance*, trans. Jessica Levine (Cambridge, Mass.: MIT Press, 1995)。对比：Tafuri, *Humanism, Technical Knowledge and Rhetoric: The Debate in Renaissance Venice* (Cambridge, Mass.: Harvard Graduate School of Design, 1986); Deborah Howard, *Venice and the East: The Impact of the Islamic World on Venetian Architecture*, 1100–1500 (New Haven, Conn.: Yale University Press, 2000).

有两种不同的史学立场，这凸显出历史转折时期内外部标准的差异。手法主义本身就是一个被广泛争议的术语。[26] 然而，对于认为手法主义有价值的历史学家来说，手法主义是在古典传统之内艺术和语言的变体；另一些人则将之定位为对那一时代不确定、迷惘和罗马教会普世价值的表达。其中一种史学的价值（发明）是建筑和艺术的，另一种（焦虑）是文化、社会和宗教的。尤其是最近几十年以来，建筑史学家已不再关注过往时代"内部"历史学的类别，如罗马帝国、中世纪、文艺复兴、反宗教改革和自工业革命之后的现代世界。政治文化时代的建筑史体现在魏玛德国、美国新政、法西斯时期的意大利、殖民地时期的巴西、苏维埃俄国、战后日本这样的别称中，把建筑视为影响了政治文化史发展的事件和议程的痕迹。

因此，尽管按照风格与时期划分历史的方法在组织建筑史的过程中发挥了巨大的作用，却并非唯一的方法。风格和时期有助于解答建筑内部的艺术力量在何种程度上能够平衡来自外部的塑造建筑的力量的问题。从概念上来讲，风格和时期有许多根本的不同之处，但是，正因为类别可以让建筑史学家着手组织绘画、建筑物和过去的遗迹，历史学家们就共享了一种基于可定义范围内的可变单元来理解历史年代的抽象方法。这把我们带回到彼得·盖伊的风格定义以及他向建筑史学家提出的

---

[26] Hessel Miedema, 'On Mannerism and *maniera*', *Simiolus: Netherlands Quarterly for the History of Art* 10, no.1 (1978–1979): 19–45. 比较贡布里希主持的旨在研究这一课题的座谈小组，Ernst Gombrich , 'Recent Concepts of Mannerism', in *Studies in Western Art: Acts of the Twentieth International Conference of the History of Art*, vol. II, *The Renaissance and Mannerism*, ed. Ida E. Rubin (Princeton, NJ: Princeton University Press, 1963), 163–255。其中包括：Craig Hugh Smyth, John Shearman, Frederick Hartt and Wolfgang Lodz. Franklin W. Robinson & Stephen G. Nichols, Jr (eds.), *The Meaning of Mannerism* (Hannover, NH: University Press of New England, 1972)。 对比：Craig Hugh Smyth, *Mannerism and Maniera* (Locust Valley, NY: J. J. Augustin, 1962) 以及 John Shearman, *Mannerism* (Harmondsworth: Penguin, 1967)。

问题。确实，如果风格是地毯的图案，是蝴蝶翅膀上的标记，是法庭上证人的手势，留给建筑史学家的问题就是，如何解释这些图案、标记和手势的来源？当它们在建筑史上出现时，它们本质上是建筑，还是历史呢？

传　记

本书第一章提到，为艺术家包括一些现在更多被认为是建筑师的艺术家撰写传记的传统，成为 19 世纪末学术建筑史出现后遵循的重要典范。安东尼奥·迪·图乔·马内蒂（Antonio di Tuccio Manetti）为布鲁内莱斯基撰写的传记 [27]，和瓦萨里 16 世纪的作品《著名画家、雕塑家、建筑家传》皆为该传统的范例。该传统把建筑史和建筑师的历史等同起来。即使与建筑师相关的当代建筑史偏离瓦萨里写作历史的模式，当代建筑史研究也始终受益于瓦萨里根据生卒年月、生平经历和作品、人物影响力及与其他传记主人公的关系来划分时间的模式。建筑史中的生平-作品流派是记录个人历史贡献的惯常方式。

对机制的讨论就花费了很长时间。接下来将要讨论的是与企业实体和君主、教皇、总裁等赞助人的活动相关的建筑史中传记的写作。描绘政府或机构的起源、目的、影响和作用的建筑史同样有着传记建筑史的某些特点。确实，建筑物或城市在人们眼中都是有生命的，传记中的术语和结构影响了历史叙述：基础、崛起、影响或重要程度以及结局——这些文学策略确实有些戏剧化，但仍与传记相类似。因此，本章节讨论的

---

[27] Antonio di Tuccio Manetti, *The Life of Brunelleschi*, ed. Howard Saalman, trans. Catherine Enggass (University Park: Pennsylvania State University Press, 1970).

建筑史按照生物或以生物类比的实体来组织。由于建筑史与建筑师的形象有着长期而密切的联系，我们将主要讨论根据单个建筑师的生活来组织历史的传记性质的建筑专著，并将其作为建筑史的一种类型。

此类历史把建筑视为建筑师行动和意图的见证。从这一视角来看，一个建筑师与另一个建筑师的生活和工作通过他或她的成长、动机、影响（由对象施加或施加于对象）、背景、机遇，或者更广泛的专业和艺术系别相互联系起来。最近几十年中，这一方法延伸到了从心理-传记层面对历史主体进行解读。一个生命是由其历史构成的，历史学家需要考虑如何处理某一生命的内容，而对象的生与死决定着其起点和终点。（除了这一观察之外，人们或许还会使用合作关系的建立与解散，或政府的兴衰起落。）通常，这些决定了某个人一生的工作与时期、风格、类型、地理等最直接的关联。它们同样说明了一个对象与另一个对象之间的关联方式，或者对象与塑造或影响历史事件的背景相关联的方式。建筑师出生与死亡的事实和状态，为建筑史提供了顺序，这一顺序由传记主体的进程决定，如生命阶段以及建筑师作为个体及与作用在其身上的外部力量的关系。[28]

传记必然或多或少建构了传记主体，认识到这一点极为重要。从历史角度处理传记对象，将会受到当时史学趋势的影响，并试图呈现相关人物已为人熟知的或可以为人所知（及与已知相关）的内容。建筑经典中许多重要人物是广义的建筑学历史发展的索引：布鲁内莱斯基是文艺复兴风格的索引，博罗米尼是巴洛克风格的索引，托马斯·杰斐逊（Thomas Jefferson）是启蒙运动的索引，勒·柯布西耶（Le Corbusier）是现代主义的索引，诸如此类。提起这些名字，就是回忆与之关联的整

---

[28] 比较福西永在《形式的生命》（*La vie des formes*）中的观察，由世纪所划分的历史时间，给予世纪本身传记的特性。

个内容，以及已经产生的、与之相关的历史话语。

一般而言，根据传记（有时是自传）线索编写的建筑史通常包括含有建筑师著名作品的专著和全集，以及据此建立起来的分析框架。这是一种博物馆最喜欢的策展模式，因为个人生活中的事实通常可以为所研究的作品提供清晰的划分。这些事实或许包括生活中的主要事件、旅行和移民、重要作品（或者没有实现的重要作品）等。展览会的批评者、博学的评论家或该领域的其他文献也有助于建立基本的编年史和组织结构。

建筑史传记的组织有赖于把建筑学视为"作者"创作的作品，把建筑师视为艺术家或工匠——作品中能动的力量。这一观点在文艺复兴之后才出现，相对较新。建筑史记录了城市，指出城市规划得以实现的"作者"也是适宜的，如阿尔伯特·斯佩尔（Albert Speer）的第三帝国的柏林（Third Reich's Berlin），罗伯·摩斯（Robert Moses）的现代纽约，恩斯特·梅（Ernst May）笔下的《新法兰克福》（Das Neue Frankfurt）。还有一些更明显地展现出浓重个人风格的例子，如沃尔特·伯利（Walter Burley）和玛丽莲·马奥尼·格里芬（Marilyn Mahoney Griffin）的堪培拉，勒·柯布西耶和皮埃尔·吉纳瑞特（Pierre Jeanneret）的昌迪加尔，和卢西奥·科斯塔（Lucio Costa）的巴西利亚。在这些例子中，城市规划可以被理解为将建筑作品做井然有序的安排的能力，可以结合建筑师的作品集来思考。

有关密斯·凡·德·罗（Mies van der Rohe，1886—1969）的两个主要展览于2001年在纽约同时举办：一个是现代艺术博物馆的"密斯在柏林"（"Mies in Berlin"），另一个是惠特尼美术馆的"密斯在美国"（"Mies in America"）。[29] 它们共同展现了以上提到的部分观点。在这两个展览

---

[29] Terrence Riley & Barry Bergdoll (eds.), *Mies in Berlin* (New York: Museum of Modern Art, 2001); Phyllis Lambert (ed.), *Mies in America* (New York: Harry S. Abrams, 2001).

中，建筑师的作品根据其在欧洲和美国两段明确划分的时期加以组织，以 1937 年建筑师从德国移民到美国为界。密斯到了芝加哥之后，他的作品如何变化？他作品中哪些方面属于柏林，哪些特性属于美国？在他的作品和理念中哪些超越了他的执业之地或者属于他所声称的自己信奉的现代运动的知识和艺术背景？这一故事可以很长，从青年密斯早期受到的影响，到他去世之后对别人的影响；这个故事也可以很短，从密斯所打造的第一个建筑到最后一个建筑。两个博物馆和展览策划团队所做的生平以及地理划分（由现代艺术博物馆的特伦斯·赖利［Terence Riley］和巴里·伯格多尔［Barry Bergdoll］，以及惠特尼美术馆的菲利斯·兰伯特［Phyllis Lambert］牵头）表明在"生活"这一大的附属单元之下，研究密斯的历史学家在其中发现了他的建筑项目中的更小的主题集合。

　　传记建筑史提出了一系列特定的概念问题。任何传记发生变化的原因可能确定，也可能不确定，显示出任何数量的偶然要素聚合在一起的直接因果关系或细微影响。建筑师的毕生杰作有可能引出持续的主题，它们要么是需要加以解读或反对的建筑或艺术项目，要么使建筑师和其他有共同专业和艺术考虑的人合理地联系在一起。在一定程度上，特定建筑物、郊区规划、纪念碑或未实现的设计，可以完全经由建筑师持久的艺术、文化或技术项目来解释，或是由建筑师的人格，或其生活于其中的文化、历史和

图 7　密斯和美国？ 1964 年 4 月 12 日，在马赛诸萨州海厄尼斯港，杰奎琳·肯尼迪（Jacqueline Kennedy）正与密斯·凡·德·罗谈笑风生。

地理状况，甚至是建筑师对手头工作可能的解释来加以解读。每一种解读都受到那些认为外部的经济、政治、宗教、材料、建筑技术、学术养成和专业机构的作用比单一建筑师意志更重要的人们的批判。

很明显，以传记模式编写的许多建筑史仿佛圣徒传，旨在把建筑师塑造为经典，或是捍卫他们作为经典人物的地位。事实证明，许多建筑师并不厌恶以批判或忠实描述的形式将他们的生活和实践记录于历史，不管结果是被批判还是被推广。即使是对单个建筑师具有明显偏见的、最狭隘的研究，也能够记述与其执业生活相关的事实和素材。向世界介绍建筑师的书籍和展览大都是富有激情和敬业精神的作品，为之后的历史学家的研究提供了基本的材料。随后的研究不可避免地会发现新材料、修订年代错误、重新评估单个项目的意义。这并没有减少记录建筑师生活和工作这一基础工作的重要性。事实上，我们所谓的"批判性建筑史"有赖于这一初始而又通常水平参差不齐的研究和分析。

其他建筑史直接在作用于建筑师作品的内在和外在力量之间寻找平衡，即使所呈现的结果会更加"现实"（或折中）。马可·德·米切利斯（Marco De Michelis）编写的《海因里希·特森诺》（*Heinrich Tessenow* 1876—1950, 1993）和约翰·拉戈尔（Johan Lagae）的《克劳德·劳伦斯》（*Claude Laurens*, 2001）就找到了完美的平衡。[30] 每一部作品均符合完整的作品规范，反思了人们强加给传记对象的自由因素或索引意义。之前介绍的关于密斯·凡·德·罗的书籍，从批判和历史的角度分析各建筑师，按照研究对象参与创造的广泛历史主题与对比案例来检验作品，

---

[30] Marco De Michelis, *Heinrich Tessenow*, 1876–1950 (Milan: Electa, 1993); Claude Laurens, *Architecture. Projets et réalisations de 1934 à 1971*, ed. Johan Lagae, Vlees en Beton 53–54 (Ghent: Vakgroep Architectuur en Stedenbouw, Universiteit Gent, 2001).

同时保留了生命边界和轨迹所赋予的清晰局限。

地理与文化

受传记因素影响所塑造的建筑史的特性，与来自国家、帝国、区域、城市以及其他地理政治学边界，或来自那些映射到文化和 / 或语言领域、领土以外的群体和地域（或称流散族群）的特性相类似。一个国家的建筑史可以被视为单独的知识领域来加以研究，尽管现代国家或者由于受到毗邻国家文化的不同程度的渗透，或者由于移民和迁移，显然不可避免地会面对各种复杂情况，并做出妥协。例如，当代国家的建筑史或许包括之前互不相连的领土，或者包括在一个较大的民族主义团体中得以持续发展的可识别的语言地域。20 世纪的国家或许受制于把宗主国的领土、历史与被殖民国家联系起来，并最终与其他殖民地的领土和历史联系起来的殖民机制的影响。南非、澳大利亚、新西兰和加拿大的建筑史在任何条件下都是独特的，但又因曾经同在英国殖民统治下有共同的经历。[31] 同样曾为荷兰殖民地的南非、印度尼西亚和纽约也如此。很少有建筑史学家会认为国家和领土的概念像地图上的所标示的那样直截了当、任人摆布。但并非说地图上疆域的区分不能为研究某一领土或文化的建筑学提供有益的起点。[32]

举例说来，仔细审视瑞士建筑史，其能够开诚布公地研究地理与

---

[31] Justine Clark & Paul Walker, *Looking for the Local: Architecture and the New Zealand Modern* (Wellington: Victoria University Press, 2000). 该书正是近期从新西兰案例的视角研究这一复杂性的书籍。对于两位作者而言，新西兰建筑师在吸收和发明、本地观念与非本地观念之间运作。

[32] 对比：Thomas DaCosta Kaufmann, *Toward a Geography of Art* (Chicago: University of Chicago Press, 2004)。

文化问题是因为建筑师易于移居他国，迁出或迁入瑞士，或强烈认同某个邻国或语言区等带来的实践性和概念性问题。令人惊奇的是，为这类地理渗透性的历史辩护的例子竟是美国人 G. E. 基德尔·史密斯（G. E. Kidder Smith）的现代主义历史和摄影测绘著作《瑞士建造：本土和现代建筑》（Switzerland Builds: Its Native and Modern Architecture，1950）。在长长的序言中，布拉格出生的瑞士历史学家希格弗莱德·吉迪恩表达了对瑞士"特点"的一些零散的思考，这在史密斯的记录中又有所扩展。吉迪恩的《本土建筑导言》（"Introduction to Native Architecture"）如此开篇：

> 在接下来一页中展示的当地或本土建筑包括人们的寓所、谷仓、农副业用房等用以维持生计的建筑。这本书将不会详述数量众多的公共纪念碑或衍生"风格"的公共建筑物——大多数是国外的风格，即使是在遥远地区，这些多半都是在教会和当地政府的赞助或影响下建立的。教会和当地政府都很熟悉国外建筑的发展。书中会提到教会，因为它们与居民的生活联系更为紧密。但是，书中不会讲述大教堂、文艺复兴风格、哥特风格或巴洛克风格等内容。这些形式起源于瑞士的周边城市，在那里可以看到更好的案例。[33]

建筑物被纳入《瑞士建造：土本和现代建筑》的前提是建筑物自身应具备本土特点。对于吉迪恩来讲，这并不包括采用和融合了源自其他地

---

[33] G. E. Kidder Smith, *Switzerland Builds: Its Native and Modern Architecture* (London: Architectural Press; New York & Stockholm: Albert Bonnier, 1950), 21. 同样，参考吉迪思的介绍性文章, 'Switzerland or the Forming of an Idea', 11–17.

方的建筑风格、形式和类型，比如欧洲基督教会建筑史的瑞士建筑作品。

大约 20 年之后出版的《瑞士建筑的新方向》（*New Directions in Swiss Architecture*，1969）一书有着类似的范围和目的。史密斯认为具有本土特点才具有入选资质，而该书的作者胡尔·巴赫曼（Jul Bachmann）和斯坦尼斯劳斯·冯·穆斯（Stanislaus von Moos）的立场则与史密斯相反。尽管瑞士可以声称拥有许多清晰的特质，即"机器、巧克力、奶酪和手表，以及著名的'中立'"，他们问道，在此之外"有没有什么价值可以视为瑞士所特有的"？[34] 巴赫曼和冯·穆斯的著作所涉及的范围和史密斯的著作接近，他们都讨论现代建筑，然而后者展示出与地方的密切关系，前者把领土的职能视为瑞士和欧洲国际主义之间交流的场所。

尽管在民族范例上已经花费了很长时间，但仍然要介绍一下第三部基本和前两本同时代的著作，该书阐释了历史学家限制地理政治边界的另一种立场。艾伯赫·亨佩尔（Eberhard Hempel）的《中欧的巴洛克艺术与建筑》（*Baroque Art and Architecture in Central Europe*，1965）为佩夫斯纳的"鹈鹕艺术史系列"（Pelican History of Art）做出杰出贡献，提出了一系列历史和概念上的洞见。[35] 其涉及经济、艺术和文字、宗教、艺术实践的组织、赞助和风格，内容既与领土相关，也与年代相关。亨佩尔按照年代顺序划分了该书的章节，书中的历史包括（引用其小标题）："17 世纪和 18 世纪的绘画与雕塑"和"16 世纪到 18 世纪的建筑"。

---

[34] Jul Bachmann & Stanislaus von Moos, *New Directions in Swiss Architecture* (London: Studio Vista, 1969), 11.

[35] Eberhard Hempel, *Baroque Art and Architecture in Central Europe: Germany, Austria, Switzerland, Hungary, Czechoslovakia, Poland. Painting and Sculpture: Seventeenth and Eighteenth Centuries; Architecture: Sixteenth to Eighteenth Centuries*, trans. Elizabeth Hempel & Marguerite Kay (Harmondsworth: Pelican, 1965).

　　奇怪的是，亨佩尔把政治领土视为与书中更宽泛的对象范围（建筑、绘画和雕塑）相关的可变化的类别。因此，在"英雄时代：1600—1639"和"三十年战争之后的恢复之年：1640—1682"等章节中，领土案例是在"建筑"这一标题下的，如澳大利亚、匈牙利、波西米亚和摩拉维亚等，以及瑞士。随后的两节"巴洛克时期：1683—1739"和"洛可可时代及其终结：1740—1780"，标题以领土名来命名，之后最多细分为三部分："建筑""雕塑"和"绘画"，有一些只细分为两部分。写到普鲁士，是因为其对巴洛克时期的贡献，而西里西亚的洛可可艺术却只一笔带过。

　　比如，瑞士与奥地利、匈牙利和波兰共同参与了许多广义的艺术和历史事件，但将这些广泛的发展归入中欧这一更广大地域的文化、历史、地理和技术特性的背景时，（对于亨佩尔来讲）必须和这一时期的整体历史相平衡。

　　以地理政治基础为框架构建的历史，其深度同样由边界自身的历史决定。亨佩尔的中欧巴洛克史把当代国家（从 1965 年起）和先前的领土加以调和。因此，前捷克斯洛伐克也出现在他的小标题之下，波西米亚、摩拉维亚和西里西亚亦如此，它们从 1918 年到 1993 年成为捷克斯洛伐克的一部分，现在也是捷克共和国的一部分。再向南看，比如，奥地利的建筑史或许根据维也纳从公国、到帝国和共和国的影响力来扩大或缩小其地理范围。因此，奥地利建筑史会与波兰和土耳其建筑史交叉，也同样面临领土随着时间变化而不断变化的问题。不仅是奥地利，波兰、德国、捷克共和国和其他同时代的国家，18—19 世纪的人口迁徙以及 20 世纪中期犹太建筑师的流散都带来额外的复杂性，这些都使得一些历史学框架把在美国、南非和澳大利亚的建筑物视为（在这个例子中）"奥地利的"，或者更具体讲是"维也纳的"，或至少是奥地利或维也纳的建筑遗产。

传记和地理政治类型的建筑史中的方法论划分有何共同之处？那就是两者都在一般与特殊之间的平衡中加以协调：在何种程度上，我们可以把建筑师的作品当作他／她这一代人的索引？或把一个不同的国家、王国或区域的建筑学作为更广义的跨国或国际潮流的体现？从传记和地理政治视角研究现代运动的历史学家面临着上述问题。建筑史在何种程度上能够控制其主体特性，以及传记或国家的不可化简性？

在大多数案例中，地理政治的局限性提供了一些有用且简易的方式来限制建筑史，尽管这些限制既非自然存在也并非一成不变的。历史学家构建区域、地理或文化的方式，仍有许多需要研究的地方。

图 8　谁的遗产？目前位于捷克共和国卡罗维发利（Karlovy Vary）的凯瑟巴德水疗中心（Kaiserbad Spa），一号浴室（Bath Ⅰ）；建筑师为费尔纳与赫尔默（Fellner und Helmer），维也纳，1895，工作室为亚历山大·诺伊曼（Alexander Neumann），摄影师未知。

类　型

　　建筑物的形式、特征和组织与它所服务的目的之间的关联，使 18 世纪和 19 世纪的观察家把建筑视为类似于自然或文化的现象。像鸟儿、画作、岩石和人一样，建筑可以被划分为多种类别，可以独立于历史进行解读。建筑史的分类学方法结合了学术的实用主义价值和建筑物的使用方式塑造的经验主义类别。在《建筑历史字典》（*Dictionnaire historique d'architecture*，1832）中，安托万·卡特勒梅尔·德·昆西（Antoine Quatremère de Quincy）解释了建筑学中"类型"（type）这一术语的本质：

　　　　与其说"类型"展现事物的形象，不如说"类型"展现对决定模型（model）的规则要素的构想。模型在实际执行中的意义是指能原样复制的对象；与之相反，类型是每一位艺术家都可以据此构想出独特作品的对象。当提到模型时，一切都是精确和固定的；而提到类型时，则或多或少会有些模糊。[36]

　　那么，作为一个分类，"类型"比"模型"更为松散，它一般根据与建筑使用目的普遍相关的标志对建筑物进行广义分类。正如建筑本身可以被认为是有历史的，它的类别也一样可以。因此，我们可以设想出医院、大学校园、教堂、工厂、博物馆、高密度的居住区、火车站、剧

---

[36] Antoine Quatremère de Quincy, 'Type', trans. in Samir Younés, *The True, the Fictive, and the Real: The Historical Dictionary of Architecture of Quatremère de Quincy* (London: Andreas Papadakis, 1999), 254–255. 此版本包含了选自 Quatremère de Quincy, *Dictionnaire historique d'architecture comprenant dans son plan les notions historiques, descriptives, archéologiques, biographiques, théoriques, didactiques et pratiques de cet art*, 2 vols. (Paris: A. Le Clère, 1832) 中的译文。

院、总统图书馆和机场的建筑史。每一个类别都有其形状和功能特性，可以进一步根据类型来进行划分：教会的建筑作为一种类型，包含了由礼拜仪式、平面形式或时期所区分的子流派；同样，康复医院、精神病人的庇护所、传染性疾病医院也可以声称它们有自己的建筑史。

建筑类型可以和自然紧密相连，正如马克-安托万·洛吉耶（Marc-Antoine Laugier）于 1753 年论证的一样，"原始的"棚屋反映出"完美的几何学的设想"[37]。树木起到了圆柱的作用，树枝形成了淳朴的三角楣饰。在 1977 年影响深远的文章中，安东尼·维德勒将其称为"第一类型学"。[38] 建筑类型同样可以与建筑用途相关，正如以上所介绍的范例所示，可以将类型看作为一系列变化而从历史角度加以追踪，首要的是建筑平面组织的变迁。这是维德勒的"第二类型学"。此种划分在本质上看似乎是超建筑的，从建筑外产生，并在建筑中应用或显示出来。同样，第一和第二类型学与风格相反，尽管二者回应了外部力量和刺激（正如我们看到的一样），但基本上属于建筑的内部范畴。[39] 把一种教会的建筑史与另外一种教会的建筑史进行类型学划分，这很大程度上由宗教、文化和社会因素决定，而非由建筑或审美素质决定。在外观上有巨大差异，遵从不同建筑理论的教堂在此基础上可以按照类型联系起来，可被视为建筑史连贯的基础。[40]

（除了以上所提到的类别，维德勒同样设想了"第三类型学"。这与

[37] Marc-Antoine Laugier, *Essai sur l'architecture* (Paris: Chez Duchesne, 1753).

[38] Anthony Vidler, 'The Third Typology' [1977], in *Architecture Theory since 1968*, ed. K. Michael Hays (Cambridge, Mass.: MIT Press, 1998), 288–293.

[39] Vidler, 'The Third Typology', 290.

[40] Maarten Delbeke, 'Architecture and the Genres of History Writing in Ecclesiastical Historiography'，此文探讨了教会建筑史的历史和史学意义，该文出自 *Limits disciplinaires. Repenser les limites. L'Architecture a travers l'espace, le temps et les disciplines* (2005)，网址 www.inha.fr/colloques/document. php?id=1800（获取于 2009 年 10 月 15 日）。

20 世纪 60 年代和 70 年代因阿尔多·罗西（Aldo Rossi）的建筑项目和写作获而得国际认可的、自主的、自我参照的建筑设计相关。建筑类型的第三种方法把历史作品简化为可以转变为建筑设计和建筑构成材料的"建筑元素"。这一过程非常直接地展示了建筑史之于建筑师的可操作性，我们之后将会回归这一主题。因此，正如丹尼尔·谢勒（Daniel Sherer）所说："类型并没有准确地重复什么，但是模糊地提醒我们……较早时期城市的模式和历史。"[41]

在《建筑物类型史》（*A History of Building Types*，1976）的导言中，佩夫斯纳认为对建筑史类型学知识的需求与 19 世纪建筑师的活动范围扩大相关。用佩夫斯纳的话来说，建筑学曾经是只研究"教会、皇宫和宫殿"的领域，现在建筑师则需要关注多种建筑类型。在提到建筑师关注的类型时，引用美国建筑师亨利·范布伦特（Henry van Brunt，1886）的话之后，他补充道"有起居室、厨房和会客厅的教会建筑"，宾馆、校舍和大学建筑、溜冰场、赌场、音乐厅等给予我们许多理由，来考虑最近两个世纪以来建筑师影响范围的扩展。[42] 佩夫斯纳列出了 18 世纪和 19 世纪的一系列建筑史研究，包括"传统的建筑课程的建筑类型调查"，以及一系列他为近期写作建筑类型早期历史时所做的补充研究。[43]在卡罗尔·米克斯（Carroll Meeks）的诸多范例中，《火车站》（*The*

---

[41] Daniel Sherer, 'Typology and its Vicissitudes: Observations on a Critical Category', *Précis* 33 (1997): 41–46. 对比：Pier Vittorio Aureli, 'The Difficult Whole: Typology and the Singularity of the Urban Event in Aldo Rossi's Early Theoretical Work, 1953–1964', Log 9 (Winter-Spring 2007): 39–61. 欲知建筑设计和历史学的建筑分类学的状况，请参考 Giulio Carlo Argan, 'Sul concetto di tipologia architettonica'(1962), 出版为 'On the Typology of Architecture', trans. Joseph Rykwert, in *Theorizing a New Agenda for Architecture: An Anthology of Architectural Theory, 1965–1995*, ed. Kate Nesbitt (New York: Princeton Architectural Press, 1996), 242–246。

[42] Nikolaus Pevsner, *A History of Building Types* (London: Thames and Hudson, 1976), 9.

[43] Pevsner, *A History of Building Types*, 'Foreword'.

Railway Station，1956）值得关注，还有约翰·弗里德里希·盖斯特（Johan Friedrich Geist）1969 年写作的 19 世纪拱廊的历史。[44]

当然，佩夫斯纳的著作没有尽数所有的建筑类型，而是主要关注 19 世纪建筑师认为重要的类型。在书的前言中，他敏锐地观察到，"这种分析建筑的方法能够展示出风格和功能的发展，风格是建筑史研究的内容，而功能是社会历史研究的内容"[45]。此外，在佩夫斯纳的书中，类型是建筑功能、材料和风格的结合，类型的历史受到客户和赞助人的要求、建筑师能够达到的技术可能性和建筑学内在的艺术及概念发展的交叉影响。[46]

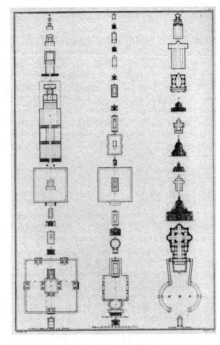

图 9　神庙类型的演变，朱利恩-戴维·勒·罗伊创作的《希腊最美丽的建筑和历史遗址》（ *Les ruines des plus beaux monuments de la Grèce, considérées du côté de l'histoire et du côté de l'architecture* ）中的版画 1，勒莫因（Le Moine) 之后由米其林诺（Michelinot）制版。

大多数符合类型学特性的现代建筑史并非为了推进建筑类属

[44] Carroll L. V. Meeks, *The Railroad Station: An Architectural History* (New Haven, Conn.: Yale University Press, 1956); Johan Friedrich Geist, *Passagen, ein Bautyp des 19 Jahrhunderts* (Munich: Prestel, 1969); Engl. edn, *Arcades: The History of a Building Type*, trans. Jane O. Newman (Cambridge, Mass.: MIT Press, 1983); *Das Passagen-Werk*, ed. Rolf Tiedemann (Frankfurt am Main: Suhrkamp Verlag, 1983), Engl. edn, *The Arcades Project*, trans. Howard Eiland & Kevin McLaughlin (Cambridge, Mass.: Belknap Press, 1999).

[45] Pevsner, *A History of Building Types*, 'Foreword'.

[46] Pevsner, *A History of Building Types*, 289.

（genus）理论的强有力发展。对于大多数建筑史来说，类型是能够与其他框架方法融合的方便的分类方法。迈克尔·韦伯（Michael Webb）的《英国当今建筑》（*Architecture in Britain Today*，1969）在按照地理和时期分类的历史中也使用了类型学，将现代英国建筑按照次级属类进一步分类：一系列教育性和机构性的类型，房屋和不同规模的住宅区，商店和办公场所，运动场地和教堂等。[47] 如果历史是一种手段，那么类型学划分并不是目的，但是，类属为这一庞大繁杂的课题提供了有用的分类方法。

伊赫亚·特罗亚尼（Igea Troiani）写作的关于澳大利亚建筑师斯图尔特·麦金托什（Stuart McIntosh）的银行建筑的历史中，显然考虑了麦金托什的全部作品的类型。[48] 特罗亚尼研究了在设计银行、回应顾客需求以及探寻于设计中体现自己建筑思想的可能性等问题时，麦金托什的态度变化。因此，这些问题既与传记相关，又与背景和年代相关，总体说来与现代建筑史相关，尤其体现了它的澳大利亚路径。此外，坚持认为特罗亚尼的建筑史写作方法是类型学方法并没有多大意义，即使在她写作的有关麦金托什设计的银行的文章中，她确实使用了建筑史和建筑师传记的类型学分类工具来对大历史进行细分，分析其对麦金托什案例具有的影响和意义。

需要说明的是，尽管个别建筑史的类型学组织通常正如韦伯的著作中那样是常识性的，却并非忽略更复杂的、同样以类型鉴定为依据的历史学手法。

例如，在《为艺术做的建造》（*Bouwen voor de Kunst*，2006）一书

---

[47] Michael Webb, *Architecture in Britain Today* (Feltham: Country Life, 1969).

[48] Igea Troiani, 'Deserved Exposure: Stuart McIntosh's Architecture, 1953–1963', *Fabrications* 16, no. 2 (December 2006): 28–43.

中，沃特·达维茨（Wouter Davidts）分析了博物馆类型的次级类属——当代艺术博物馆，同时也对类型学分类和关键分类进行了批判。[49] 达维茨的著作改变了对类型学的简单化解读，坚持采用适合对象的"自然"框架。他的做法有悖于与机构有关的，不大关注塑造建筑的额外力量的建筑史。对于他来说，艺术馆既是一个建筑物，也是一个机构，其中的项目相互影响。达维茨的研究重点关注艺术机构的运作和紧要需求，同时提供了他们所依赖的建筑类型的历史记录。[50] 这与建筑史中把建筑置于机构之上的趋势相反——当然这体现在机构史中，其认为建筑和建筑决策附属于机构的功能和愿景。

把明显从类型学角度组织的建筑史的相关观察搁置一边，大多数按照类型学组织的建筑史对不同建筑物类型进行了功能划分，类型是用于限定历史研究而非用来构建固定且强有力的单元的便利方法。

技　巧

我们已在前书中了解到，正如书中所述建筑史学家针对历史上"什么是建筑"这一问题进行了激烈的讨论，但意见并没有达成基本一致，反而导致了重要的概念差异，这为研究建筑的过去提供了广泛而丰富的研究方法。然而，尽管有人认为建筑史包括所有时间内与人类

---

[49] Wouter Davidts, *Bouwen voor de Kunst? Museumarchitectuur van Centre Pompidou tot Tate Modern* (Ghent: A&S Books, 2006).

[50] 可参考：Annemarie Adams, *Medicine by Design: The Architect and the Modern Hospital, 1893–1943* (Minneapolis: University of Minnesota Press, 2008); Joseph Connors, *Borromini and the Roman Oratory: Style and Society* (Cambridge, Mass.: MIT Press; New York: Architectural History Foundation, 1980); Paul Rabinow, *French Modern: Norms and Forms of the Social Environment* (Cambridge, Mass.: MIT Press, 1989)。

文化有关的所有建筑物，事实上仍有人将其视为仅有几个世纪历史的欧洲传统。

在生前的最后一篇论文中，雷纳·班纳姆思考了这一问题如何产生的史学前提：建筑学有一些可以编入历史的特质。更精确地说，那些只有建筑师会做而其他人不会做的事情可以被写成历史。[51] 后一种区分使我们可以将建筑师的原型囊括在建筑史学寻找托词的定义中，包括熟练的石匠、雕刻家或所谓的普罗蒂（proti），在当时的历史条件下，他们不可能拥有当今"建筑师"这一概念。因此，问题变为：在历史的发展中，建筑师做了什么？从历史角度分析，什么使他们成为建筑师，什么使他们的工作成为建筑学，哪些可以写入历史？这类历史见证了建筑师有意或无意地将概念付诸实践的一致性。这样的历史或许把这些视为建筑学的学科基础，使"建筑"和"建筑师"这两个术语不合时宜地用于建筑物和个人，而这些建筑物和个人在它们／他们存在的时代并没有被称作"建筑"或"建筑师"。它把当前和过去联系起来，让建筑史学家来讲述建筑的故事，而不需要思考这一术语作为概念或机构的较近的历史。

根据米歇尔·福柯的想法，我们可以把建筑史视为技巧史，其中，技巧是话语的产物。建筑史的方法或基调不必是福柯式的，但福柯的思想已经促进过去几十年的历史学发展：在建筑学边界之内的技巧史，以及将建筑作为一种技巧的历史。[52]

---

[51] Reyner Banham, 'A Black Box: The Secret Profession of Architecture' [1990], in *A Critic Writes: Essays by Reyner Banham*, selected by Mary Banham, Paul Barker, Sutherland Lyall & Cedric Price (Berkeley & Los Angeles: University of California Press, 1996), 292–299。

[52] 对比，例如：Ronald Lewcock, ' "Generative Concepts" in Vernacular Architecture', in *Vernacular Architecture in the Twenty-First Century*, ed. Lindsay Asquith & Marcel Vellinga (London and New York: Routledge, 2006), 199–214。

考虑一下由各种路径构成的范例，如涉及以下方面的建筑史：绘画、建构（tectonics）、建造、设计视觉上如画的世界以及为其他建筑师编写指南（意大利词汇 "trattazione"，译为"处理或治疗"，最精确地描述了这一技巧），按照建筑脉络梳理现实（意大利语 "progettazione"，译为"设计"），或仅仅涉及窗子、门、角落和过道，人们都可以从中感受到建筑史的持续性所带来的历史化的影响。吉迪恩的《空间、时间和建筑》（*Space, Time, and Architecture*，1941）是使用这一路径撰写历史的典范：他使用抽象的方法识别出现代建筑师的价值观和活动，用追溯的方法构建他们的历史。[53] 他的两卷本著作《永恒的现在》（*The Eternal Present*，1962）同样也是"空间制造"的经典范例，深刻探讨了美索不达米亚和埃及的范例，以漫长的前奏开启现代主义目的论的讨论。[54] 吉迪恩的学生克里斯蒂安·诺伯格-舒尔茨（Christian Norberg-Schulz）在自己的著作《建筑中的目的》（*Intentions in Architecture*，1965）、《存在、空间和建筑》（*Existence, Space, and Architecture*，1971）和《西方建筑的意义》（*Meaning in Western Architecture*，1975）中，提到了类似的例子。[55] 这些著作所关注的技巧是"场所制造"，这一现象学概念因为诺伯格-舒尔茨的著作被广为认可，获得了历史权威。不管建筑中技巧的历史或将建筑作为技巧的历史基于何种条理和基调，长时段的历史编纂机制应归功于法国史学思潮——从卢西恩·费布尔（Lucien Febvre）和

---

[53] Sigfried Giedion, *Space, Time, and Architecture: The Growth of a New Tradition* (Cambridge, Mass.: Harvard University Press, 1941).

[54] Sigfried Giedion, *The Eternal Present: A Contribution on Constancy and Change*, 2 vols. (New York: Pantheon, 1962).

[55] Christian Norberg-Schulz, *Intentions in Architecture* (Cambridge, Mass.: MIT Press, 1965); *Existence, Space, and Architecture* (London: Studio Vista, 1971); *Meaning in Western Architecture* (New York: Praeger, 1975). 对比：Jorge Otero-Pailos, 'Photo[historio]graphy: Christian NorbergSchulz's Demotion of Textual History', JSAH 66, no. 2 (June 2007): 220–241。

马克·布洛赫（Marc Bloch）到福柯。可从诸多可能的范例中给出两个例证，比如对吉迪恩和诺伯格-舒尔茨来说，这些技巧史与其说是建筑史，还不如说是实践史。它们并不总是（实际上很少是）建筑所特有的。通过识别"技巧"，历史学家撰写出历史，其本身就是历史的产物。将历史与写作历史的时代分开是不可想象的。

近来，约翰·麦克阿瑟和安东尼·穆里斯（Antony Moulis）支持把平面图制造（plan-making）对（或建筑平面图纸）史作为理解更长时段建筑史的基础。正如建筑学中的任何其他技巧一样，建筑图纸由建筑史学家历史地塑造。对于建筑师来说，对于平面的思考并不是建筑学中本来就有的，它通过传播和习惯形成。在澳大利亚和新西兰建筑史学家协会（SAHANZ）2005 年的会议上所发布的一篇论文中，麦克阿瑟和穆里斯观察到把建筑图史与建筑史联系起来产生的复杂问题："图纸一直是建筑学中跨越社会历史分歧的、不可或缺的、通用的工具，但是，建筑学的概念曾经经历多种变化。那么，很难仅仅基于一个固定的建筑学概念去设想平面史。"[56] 即使把建筑史局限于西方传统，建筑师的资格、技能、知识、任务和地位在几个世纪中都发生了巨大变化。除了将"建筑学"视为"建筑物的艺术或科学"这一宽泛的定义外，并没有一个能够历经历史、技术或制度层面的变化而不受影响的统一定义。因此，麦克阿瑟和穆里斯问道："纵向理解建筑史的基础是什么？"[57]

建筑平面图为跨越其他形式的历史变化等课题提供了范例。这可以从字面或概念角度加以理解，也可以在绘画、图解和建筑物中找到。历

---

[56] John Macarthur & Antony Moulis, 'Movement and Figurality: The Circulation Diagram and the History of the Architectural Plan', in *Celebration: 22nd Annual Conference of the Society of Architectural Historians, Australia and New Zealand*, ed. Andrew Leach & Gill Matthewson (Napier, NZ: SAHANZ, 2005), 231.

[57] Macarthur & Moulis, 'Movement and Figurality', 231.

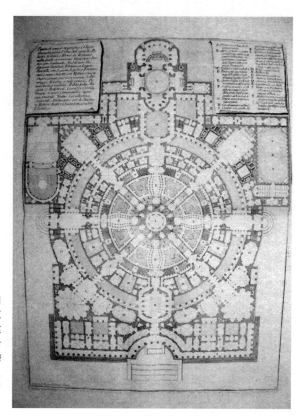

图 10 宏伟学院,由皮拉内西绘制,最初收录在《各种各样的建筑、透视、怪诞、古老的作品》(*Opera varie di architettura, prospective, grotteschi, antichità*)(罗马:布沙尔,1750)中。

史学家可以从建筑平面方案图纸中推断出房屋具体的楼层平面图,以作为测量的实物参照或者作为反映建筑中居民体验的图示。(其中的经典历史问题是要理解皮拉内西 1750 年按照虚构的宏伟学院〔Ampio Magnifico Collegio〕绘制的复杂的、多层面的平面图。[58])反过来,一些尚存的建筑,历史学家可以用比例或抽象方法来图解它。柯林·罗在论文《理想别墅的数学》中对文艺复兴建筑和现代建筑进行的

[58] 收录于 *Opera varie di architettura, prospettive, grotteschi, antichità*, reproduced in *Giovanni Battista Piranesi: The Complete Etchings*, vol. I, ed. John Wilton Ely (San Francisco: Alan Wofsy Fine Arts, 1994), 82。

历史对比建筑平面图，是这种可能性的典范。[59]

　　建筑设计图的历史知识在这两种路径之间发挥作用。建筑设计图成为建筑的"技巧"，独立于任何会形成既定规划（画出的或衍生出的）的背景，但是，可以从这些历史背景中学习，同时克服任何建筑物的特殊性，来了解建筑学如何在历史和历史学中得以存在。因此，设计图给建筑史带来了一些问题，即这一领域的研究是否是历史的一个分支，是否是与建筑师的作品紧密相关的历史意识的一种表达形式？

　　无论这一选择的更大的概念意义是什么，如上设想的建筑平面图的历史描述了一种建筑克服作为艺术、工艺、贸易或职业的历史特殊性的历史研究和工作方法，因此，其他形式的历史立场（以风格、地理、建筑理论、社会或文化为框架）将认识到建筑史学家所撰写的一般建筑理论的历史性与局限性。在这一意义上，建筑平面图的技巧可以与从历史角度分析的其他技巧相提并论。每一种技巧为建筑学的对象选择提供了新的筛选工具，同时克服了我们所理解的"经典"史学工具和视角所带来的限制。

主题和类比

　　建筑史学的第六组，也是最后一组路径与之前标题的脉络相反。建筑史作为建筑风格、类型或技巧的历史取决于建筑学内部的历史连续性，以主题或类比为主线组织的建筑史则涉及建筑学和其"外在"之间

[59] Colin Rowe, 'The Mathematics of the Ideal Villa', *Architectural Review* (March 1947): 101–104; and in Rowe, *The Mathematics of the Ideal Villa and Other Essays* (Cambridge, Mass.: MIT Press, 1982), 1–28.

具体或抽象的关系。按照主题组织的建筑史探讨了建筑活动和其他历史活动，以及建筑物与其用途或意义之间的一致性，同样涉及超越建筑学的建筑思想和主题，例如，居住体验和再现（representation）形式。相反，类比型建筑史探讨了建筑史学家可获得的、可以为建筑学以外的议题提供新视角的概念性工具，这曾经被看作超出建筑史学家职权范围。这类历史发出疑问，建筑如何类比于技术和信息系统、政治、社会、医药等领域？建筑史学家的哪一种工具和技巧可能有助于其他领域的研究？

　　按照这些线索组织的建筑史与 20 世纪末通常被称作建筑理论的建筑文化的写作体裁一致。在主题历史中，我们还要囊括建筑史与理论主题范围之外的因素对建筑的作用的研究，以及建筑内外之间利益和发展如何交织的研究。通过术语"建筑学"与外部推论的适配，可以识别出以下内容：家庭生活、语言、人体、政治、宗教、社会、科学、理想国、假想国、卫生、技术、广告、消费、记忆、文学、电影等。这一名单又长又灵活，涵盖最近几十年主导建筑出版的大量书目。这些历史从某一方面讨论其与建筑研究对象的交叉或相似之处。对于包含这些目标的历史，建筑学既成为超出建筑学自身现象的世界的证据，又成为这一世界中的参与者。

　　这一分类或许看似包含所有不易与之前的分类相联系的历史类型，事实上，将其孤立看待也非常困难，因为在建筑学和建筑史之外，它扩展到一系列学科。尽管确实有很多主题建筑史的例子，特别是 20 世纪 80 年代以来，它们带来了非常重要的概念差异。如果"长时期"的建筑史证明了"技巧"或学科意识，那么主题和类比的建筑史则展现出了跨学科意识，人们由此了解到建筑学根植于多种实体和概念背景。技巧关注的是核心，主题和类比则与边缘相关，也因此与建筑学和其他事物的界限相关。

塔夫里的《计划与乌托邦》(*Progetto e utopia*, 1973)是早期主题
化和理论化的建筑史中颇富影响力的例子,它把启蒙运动之后建筑和思
想观念之间的互动变得历史化和政治化。[60]塔夫里书中涉及的政治和意
识形态主题通常涵盖越南、苏联、威尼斯、罗马、美国和德国等各种多
种多样的背景,此外还有源源不断的出版物要么遵从塔夫里的线索,要
么建立起这一对象的新条目。[61]政治是早期主题建筑史的核心,正如最
初讨论的那样,与研究、组织和撰写建筑史的传统技巧相比,其主题方
法有其政治使命。[62]例如,沿主题线组织历史使得历史学家得以解释其
他历史,如风格史或类型史,不能解释的历史证据和分析视角。美国
期刊《对立面》(*Oppositions*, 1973—1984)中所刊登的历史研究文章
探索了这一历史学对象的诸多含义(尤其值得关注的是关于语言主题的
讨论)。吸收了《对立面》的经验,后来的期刊《集聚》(*Assemblage*,
1986—2000)通过关注再现形式进一步推进了这一主题。

威廉·J. 米切尔(William J. Mitchell)的《比特之城》(*City of Bits*,
1995),现在看起来或许有些幼稚,正如"网景"(Netscape)时代的互
联网生活提供的建筑对比研究一样("现在,我仅仅说 wjm@.edu 是我
的名字,但你还是同样 [或同样不贴切地] 会认为这是我的地址"[63])。
然而,他的著作是第一本把建筑理论应用于这一主题、探索网络化的生

---

[60] Manfredo Tafuri, *Progetto e utopia. Architettura e sviluppo capitalistico* (Bari: Laterza, 1973);
Engl. edn, *Architecture and Utopia: Design and Capitalist Development*, trans. Barbara Luigi la Penta
(Cambridge, Mass.: MIT Press, 1976).
[61] 欲知 Tafuri 作品的完整列表,参见:Andrew Leach, *Manfredo Tafuri: Choosing History* (Ghent:
A&S Books, 2007), 287–322 中的参考书目。
[62] Jean-Louis Cohen, 'Field Note', 'Scholarship or Politics? Architectural History and the Risks
of Autonomy', *JSAH* 67, no. 3 (September 2008): 325–329。可对比此文章中关于建筑史和政治
的观点。
[63] William J. Mitchell, *City of Bits: Space, Place, and the Infobahn* (Cambridge, Mass.: MIT Press,
1995), 8.

活所带来的新的广泛体验问题的作品。它提供了一个有用的例子，说明了建筑主题和理论与建筑学之为建筑学（architecture *qua* architecture）的策略性错位。米切尔用实体世界交换虚拟世界，研究在线社区得以建构和维护的方法，同时研究社区实体对土地和三维空间的作用。在理论和批判方法之中，他希望了解关于做生意、交流和其他虚拟互动所必需的基础设施的特性，了解这种迅速成为常态的生活方式的所有方面。这样定位之后，建筑和其理论在批判、理论和历史意义上，发挥着弥合现有理解和新兴现象之间的差异的新作用。目前，米切尔的《比特之城》本身可以作为这一转变的历史记录，与让-弗朗索瓦·利奥塔（Jean-François Lyotard）的《后现代道德》（*Moralités Postmodernes*，1993），或道格拉斯·库普兰（Douglas Coupland）的《微软奴隶》（*Microserfs*，1995）一道，成为 20 世纪 90 年代中期建筑史学家对这一技术文化主题痴迷的证据。[64] 重要的是，米切尔展示了建筑学概念和历史的可利用性，以及在建筑学之外吸取问题的经验。

其他例子展现了建筑学和历史学家的工具如何在现有主题之上提供新观点。迪特里希·诺依曼（Dietrich Neumann）的《电影建筑学》（*Film Architecture*，1999）探讨了自己题目中的两个术语在现代电影的整个发展过程中的相互影响。史蒂芬·雅各布斯（Steven Jacobs）在他的研究著作《错误的房屋：阿尔弗莱德·希区柯克的建筑》（*The Wrong House: The Architecture of Alfred Hitchcock*，2007）中推进了这一主题，沿着历史和批判的主线，研究心理和空间主题如何体现于现代建筑，以及希区柯克的电影作品和电影制作的技术史中。

---

[64] Jean-François Lyotard, *Moralités postmodernes* (Paris: Éditions Galilée, 1993); Engl. edn, *Postmodern Fables*, trans. Georges van den Abbeele (Minneapolis: University of Minnesota Press, 1997); Douglas Coupland, *Microserfs* (New York: Harper Collins, 1995).

图 11　杰弗里斯（Jeffries）的寓所和庭院，纽约格林威治村西 10 号街，《后窗》（*Rear Window*）场景，由阿尔弗莱德·希区柯克导演（1954），电影制作照。

一系列选集同样探讨了建筑史中的性别问题，如 20 世纪 90 年代的经典作品《性别和空间》（*Sexuality and Space*）、《建筑的性别》（*The Sex of Architecture*）和《墙骨柱：建筑的男性气质》（*Stud: Architectures of Masculinity*）。[65]

这些著作的编辑人员或作者，不会无条件地将这些研究定位为建筑史系列，特别是考虑到他们的共同使命是使用后结构主义和后殖民主义理论，将其输入到建筑史学、建筑历史作品及各种主题的理论研究中，

[65] Beatriz Colomina (ed.), *Sexuality and Space* (New York: Princeton Architectural Press, 1992); Diana Agrest, Patricia Conway & Leslie Kanes Weisman (eds.), *The Sex of Architecture* (New York: Harry N. Abrams, 1996); Joel Sanders (ed.), *Stud: Architectures of Masculinity* (New York: Princeton Architectural Press, 1996).

以形成新的研究工具，扩展建筑经典的知识。结果，通过采用新的批判和理论视角，这些作品和主题最终扩展了它们的历史研究对象，同时打破了在19世纪和20世纪建立并维持的年代划分方式。其研究对象扩展为更广泛的、建筑外主题的参与者，或者为其他历史现象提供类比的建筑史，通过重新加入先前建筑学批评家和建筑史学家所忽略、随之被遗忘的人物和作品，来扩展建筑经典。建筑史学家通常采用使现有的历史研究对象更为复杂的新的分析工具来处理现存的建筑经典，通过质疑建筑经典自身的机制来保持历史研究对象的重要性。

毫无疑问，对于将建筑的过去梳理成历史单元这一问题，还有更多的路径，值得笔者为此留出空间。现代建筑史学家的一些抉择历久弥新；而另一些方法则相对较新，与20世纪末期所有类型的历史学日益增强的相对主义和语境主义趋势紧密相关。作为强有力的策略，它们都有赖于知识潮流。作为撰写建筑史的软性框架或路径，经由相互之间的调和或其他人的锤炼，它们描绘了一系列历史学家用来将巨大、混杂的建筑学的过去转化为连贯的历史所使用的组织策略。本章探讨了历史学家能够实施这一转化所基于的术语，接下来的一章将会探讨这一过去所涉及的问题。有哪些过去作为建筑史的材料存留到现在？我们现在谈论的是建筑史的内容，因此不可避免会谈到它与证据的关系。

第三章

证　据

　　显而易见，建筑史的内容是指从历史角度探讨的建筑学。不过，我们可以扩展这一结论，提出建筑史也是建筑与人工制品（artefacts）、背景及历史问题之间的关系的历史，以上这些都既与任何时期建筑学的定义无关，也非建筑的本质。但是，建筑学为什么有历史？或者"外围"？这些问题假定在一段时间之内，"建筑学"这一术语具有概念上的连贯性，但并非固定不变。因而，我们可以提出这样的问题：建筑学过去是什么？按照建筑学目前的定义，建筑学是否是一个移动的靶子？建筑学如何构成？或者说建筑学过去是怎样构成的，之后又如何被定义、被利用？为什么"建筑学"作为类别或术语比其他同样促成建筑物、城市、景观或艺术作品产生的类别或术语，更适合创意、文化和技术活动？这些明显是理论问题，同样也是历史问题，既与建筑学的学科知识有关，也与建筑学的历史相关。然而，要想在建筑学中回答这些问题，并了解其过去，却有赖于建筑史学家可得到的证据以及限制证据范围的概念前提。在之前的章节中，我们已经探讨了后一类问题的诸多方面，现在我们更关注的是证据和概念相互影响的方式。建筑史学家提出了他们的证据问题，但是，历史学家接触到的问题来源于自己有意或无意中所赞同的建筑史理论，这些理论也会限制证据的范围和引入。考虑到这些偶然性，建筑史学家的证据既可能包括建筑物、空间、废墟、城市和基础设施；也可能包括程序性文件和设计文件、委任单和合同、数量清单、与客户和权威人士的通信；或许也包括任何"已完成"作品的呈现方式或表现形式，从水彩和版画，到电视和广告的描绘；还可以包括口述历史、亲友之间的书信、报纸评论，以及从切实的文件到虚幻的想法等所有类型的短暂残留物。

毫无疑问，当今建筑史学家采用的证据形式几无限制，从经久不衰的建筑物到时光中渐渐消失的痕迹。然而，事实也并非一直如此。在 20 世纪的后几十年中，广泛地接受开放的证据领域曾充满争议。这与同时期内人们对何为建筑学的理解发生变化有关。确实，不管建筑史的对象是建筑物、历史学主题还是传记人物，都是相对于建筑学和建筑师的概念而定义的。于是，历史研究把这些概念置于严格的审视之下。鉴于研究、知识和概念之间永恒变换的重复特性，无论是过去还是现在，建筑学的概念都没有什么稳定性。建筑史可以告诉读者过去哪些已知，哪些可知。这些就是证据的问题。

很少有论文指导教师会建议建筑史专业的博士生研究那些现存建筑物稀少、缺乏已知档案和建筑学论文，并且生前很少出现在建筑杂志上的建筑师。这样的题目即便会有极高的研究价值，但同样颇具风险——仿佛 A. S. 拜雅特（A. S. Byatt）的《传记作家的故事》（*The Biographer's Tale*）中可怜的菲尼亚斯·G. 南森（Phineas G. Nanson）。[1] 这并不意味着建筑史学家从不敢挑战风险。对于一些人来说，这仅仅会使研究变得更富有挑战性——并且更有收获。最近几十年来建筑史学家借用和发展了一系列工具，以抵消在建筑史和历史学新兴问题中，传统

---

[1] A. S. Byatt, *The Biographer's Tale* (New York: Vintage, 2001).

形式证据明显缺失所带来的影响。在后殖民建筑史学和基于性别和性别修正主义的历史中更是如此，它们始终对抗和瓦解着塑造了现代建筑史，从出现的第一个世纪延续到现在的单一的、混杂男性化和西方化的视角与类别。[2] 然而，不管是建筑史编纂最传统的还是最具实验性的路径，其基本点一直是：建筑史学家拥有研究可依据的材料的知识或是直觉，并清楚如何找到这些材料。可获得证据的规模将影响历史学家研究的深广度。

概括而言，建筑是建筑史的实质。其内容的物质的、短暂的和概念性的踪迹是建筑史的证据。作为一门历史研究学科，建筑史的定义介于建筑的概念、技术内容及其在世界中的踪迹之间。建筑学历史范围的定义可宽可窄，只有建筑史学家可以在概念、认识论或证据层面找到合法性。然而，反映出史学家观点的证据领域将有助于其对历史（可以扩展到当代）建筑对象的建构。

路径议题——方法、框架、概念预设，决定了建筑史的形成，建筑史学家获得的材料的局限性将影响历史讨论的内容，最终影响历史学家得出的结论。一段关于恢复设计决策的历史不一定需要与关于特定公共或半公共场所社会意义的历史相同的证据。这些都是不同种类的问题，而答案有赖于不同类型的材料——扩展说来，有赖于不同的分析工具。因此，建筑史的形式和内容、方法和证据间有一种辩证关系。一方测试另一方，反之亦然。一个文件的有用程度取决于所问的问题，问题的相关性将由手边已知或可知的对象来评判。

法律的隐射是适当的，因为"证据"的概念带来了法庭的设置和"证明"的问题。它与分析权重和判断、原因、可衡量的效果和合理性

---

[2] 劳特利奇（Routledge）在"Architext"系列中发表了自 1999 年以来的针对此研究的一份重要目录，其中包括但不局限于后殖民历史和建筑理论。

相关。建筑史学家有时候表现得像一位出庭律师，在"证明"的基础上，通过展示手头的证据进行辩护，重建过去的事件、决定、程序和关系。他们采用了修辞艺术和叙述结构。作为一名法官，建筑史学家随后权衡我们可能从任何给定历史案例，或问题的材料和情势中合理推导出的结论。史学家是否可以坚守结论将取决于他们为此案例辩护的证据的力度和分量。任何给定的建筑史中都会经历同样的过程，历史学家不得不扮演双重角色，既要辩护，又要评判。历史只能代表过去，只有有勇无谋的史学家才会认为他们的结论是永久权威的。新的证据、新的概念视角和分析工具会改变现有证据的意义。然而，这些议题并非建筑史独有，在阅读和撰写建筑史的过程中，我们可以找到一系列作为历史研究对象的证据议题采用了建筑学的特定形式。

证据和建筑史

建筑史的对象是建筑物或纪念雕塑的时候，我们可以了解到它如何被委托、被设计和被实现。我们可以依赖不同形式的证据去理解项目从构思到完成的过程中，设计如何变化，并指出导致这些变化的原因。我们可以提出曾经计划过或已产生的历史研究课题的意义，同时说明随着时间的发展，其如何发生变化或保持不变。根据所使用的条件，我们可以使用证据来帮助我们确定，是否有特定的作品构成了建筑史的一部分？是经典的？还是次要的？从另一个角度看，某些类别的证据是否给历史学家使用的路径、工具、分析、论证或结论带来问题？对于所有的这些，证据在调和历史问题和针对这些问题的分析中一直发挥着关键作用。建筑史学家理解证据的方式，毫无疑问会影响到他们的作品被构想、研究、描述和呈现的方式。"作品"在这里既指建筑史研究的对象，也指建筑史研究的介质。正如围绕多媒体版本《建筑史学家学会杂志》的发布展开的讨论，有些形式的证据和分析方式需要采取与书和其他传统印刷媒体不同的出版途径。[3] 针对某一历史证据的任何清晰或不清晰的立场都会影响研究如何被解析为历史，进而为过去分裂和不完整的知识成为一段历史叙述的过程提供信息。

应该明确，发生的事情本身并不重要，或者最多能为费尔南·布罗代尔（Fernand Braudel）所谓的"全部"历史的无限宽度和深度稍微起到一些填充作用。[4] 在建筑学中，古代建筑物、纪念碑或城市区域的存留足以证明一定有文物存在，由此我们可以猜想，这些史实可以复原和证明：有人授权并投资，有人协调建造，有人决定式样和材料，有人居住在那里或其附近区域。我们从建筑物自身推导出过去的细节，其程度受到文件类型、指向这些议题答案的踪迹和多种手段的可靠性的限制。

简而言之，建筑史中，对于任何给定的时刻或任何给定的问题，关于什么是准确的证据最终是一个概念议题，立场绝对不是固定的，也绝不会达成任何共识。某些材料有助于理解"什么""如何""何地""何人"和"何时"等，但是，"为什么"的问题则需要更多的推导和不同的分析工具。不可否认，以上观察易于被认为对建筑史过于严苛，毕竟建筑史只是建筑物和建筑环境的历史，这些观察还引用了一系列建筑史学家在研究中可能会参考的基本材料。

值得关注的是，与证据有关的议题如何与建筑史学的两个传统问

[3] 参见：Karen Beckman, Sarah Williams-Goldhagen, George Dodds, Judi Loach, Nancy Levinson, and Judith Rodenbeck, 'On the Line: A Forum of Editors', *JSAH* 68, no. 2 (June 2009): 148–157。

[4] 参见：Peter Burke, *The French Historical Revolution: The Annales School 1929–1989* (Stanford, Calif.: Stanford University Press, 1990), 42。

题——建筑物的历史和建筑师的历史（他们的建筑物形成他们的作品集）相关联？正如之前的简要讨论所述，仔细研究建筑物或许会注意到其在绘画、蚀刻、浅浮雕、摄像、新闻性或专业的批判、流行意象或文学中的体现。设计图纸、招标通知、施工图、结合现场修改建筑方案的草图、预备研究、建筑日志、涂鸦，建筑师和客户、客户和资助人、建筑师和项目的专家、同事、朋友和家人之间的邮件，或建筑师、客户和市、区或国家官方机构之间的各种通信联系……把这些证据结合到一起，历史学家可以了解许多有关建筑物和成品的设计、建造和维护的情况。

例如，要想了解建筑物在其建筑师设计作品集中的地位，就需要考虑这一作品集的发展轨迹和内容，以及随之而来的影响范围（强或弱）——从建筑师所使用的似明显、间接和偶然获得的资源和参考的材料，到建筑师被记录下来或有待演绎的学术、审美、社会或技术的执业目标。对杂志的调查、对电话本和商业目录的研究、对招标要求、书信体档案和口述历史的研究，可以把建筑师置于他们的学术和职业背景中，同时也是理顺他们执业年谱的重要的工具。很多材料可以作为各种类型历史的材料，建筑史广泛利用了这些证据优先的历史学策略，否则这些证据可能被认为是附带和次要的。

这两个范例和它们提出的问题可能都较为有限，但是，在建筑作为社会和文化行为、贸易和交换、政治和宗教事件的背景，或作为知识体系或并行历史问题的类比或对话研究中，均有扩展应用。这些扩展进一步探讨了某类型证据的定位，以及这些证据在建筑史学家解决传统问题中的地位，由此促使这些证据所解决的问题和所含的材料，适应并容纳于建筑史学新的视角和议程中。

一个更宽泛、更宏观、更现代的建筑史的定义范围会包括相应更宽

图 12　宣传 "70 幅绘画的展览"（"Exhibition of Seventy Drawings"）的海报，由弗朗切斯科·博罗米尼（Francesco Borromini）绘制，维也纳阿尔贝蒂娜博物馆藏品，1958—1959。

泛的证据的定义。最近几十年的建筑史利用了一系列的媒体和资源，并对二者秉持开放的态度。逐渐远离狭隘的 "合适" 证据，这种观点是从 20 世纪更为广泛的历史学发展中学习的结果，（特别是从 20 世纪 60 年代末开始）历史学的发展促进了建筑作为实践、文化和话语的重构作用。举例说来，如今的建筑史或许会研究建筑在照片中的呈现。一组彩色幻灯片或旅游明信片可以在建筑史学科范围之内提出自己的问题，而并不一定要包括另一种关注建筑物历史的证据。当代史对建筑学的文化、社会和学术范围的研究，已不再把建筑学的建筑研究（建筑物、城市中心、纪念碑）作为唯一目的。

这些观察并不意味着现代学术的建筑史的传统任务是完整的，也并没有暗示建筑史学家在 20 世纪所使用的多种类型的证据不再能满足当代建筑史学的功能。有关建筑物的概念和构造，以及设计建筑物的人的问题，继续在这一领域占据主导地位，即便二者已经为从历史角度研究建筑的其他方式留出了空间。历史学家曾经只研究经典的艺术建筑问题，在 20 世纪之内，这一领域得以放开，包括图画和其他布克哈特认为适合（19 世纪）进行文化研究的文件。这表明了一种对与建筑学有关的历史问题和相应的证据领域之间的良性关系越来越宽容的态度。

证据的类别

作为对建筑的过去的记录，建筑史必然要推动或强化建筑学的历史定义，以及这一术语的当代限制的历史前提。从历史角度并结合当今的建筑学知识的发展，可以如何称呼"建筑学"？过去对（我们现在所说的）"建筑学"如何称呼？因此，建筑史所讲述的物质材料作为一种权威形式，可以用来回答第一个问题，叙述这些物质材料的方式则是对第二个问题的回答。因此，"什么是当前的建筑学？"和"什么是过去的建筑学？"这两个问题对于建筑史学家来说服务于不同的目的。历史学家通过分析和评估材料提出这些问题，并同样地以此来回答这些问题。例如，历史和证据的关系可与具体的建筑物"如何""何时"出现相关，也可与随之而来的"什么"（人工制品的性质和意义）、"为什么"（这一性质的原因、作者的意图、决定外观和技术议题的前提）和"谁"（关于人造物的起源，既是作者的作品，又是在特定社会、文化、政治、经济或宗教条件之下得以实现的作品）有关。有了这些限制，诸如此类的问题在其抽象意义上，对撒哈拉以南的非洲的预置房和英国的豪宅都同样适用。但是，建筑史的"什么"很快转向与传统、审美标准和理论内容有关的建筑学定义，即使不考虑这个议题的争论，1920 年围绕"什么被称为建筑"达成的关键共识，到 1960 年已经发生了很大变化，到20 世纪末则发生了剧变。结果就是，建筑史学家现在完全可能从建筑物开始，也可能最后才谈建筑物，甚至完全不谈建筑物。如今，1960—1970 年代甚至是 1980 年代的建筑史学家难以想象，关于一个文件或课题的"如何"或"何时"的问题，现在会被提问。

鉴于这些观察，可以根据证据的三种灵活的、重叠的类别——程序性证据、情境性证据和概念性证据，来思考历史证据在概念问题和重要议题中起作用的方式。程序性证据引导我们看到任何给定对象的事实：如何从开始到结束，在每一步有谁参与。人员问题则属于把历史对象置于更广泛的背景中的情境性证据。时间、顺序、地点和涉及的人物及其与其他人物之间的关系的证明——何时、何地、何人，这些证据帮助历史学家将其对象与其他对象联系起来，归根结底，是对更广泛的叙述历史网络的回应。所有的建筑史学家都会根据这些历史记录来衡量他们的工作，并由其他人来评估。第三种类别，概念性证据，即涉及对象定性的材料类型。把文件、建筑物或印刷品仅仅置于某一个类别，通常并不可能或不受欢迎。然而，建筑史的学科资格要求对非经典或边缘对象如何对更广泛的学科产生意义而持有立场（即使是隐含的立场）——因此也要求在各种所谓的建筑史的话语或谈话中拥有一席之地。在追求史学问题或历史敏锐性时，也带来了程序性、情境性和概念性问题。

证据和建筑史学家的实践

一系列的案例使我们看到，这些要点是如何在实践中运作的。建筑艺术品、设计和建造文件以及建筑学的再现形式等方面的历史专家，不管是预测性的、纪实性的，还是批判性的，在几十年中已经广泛地适应了一系列历史实践和其他分析实践，以便更深度透视现存历史问题。例如，测量、工程和各种维度需要精确测量的其他领域的技巧和技术，已经用于对建筑物和考古遗迹的精确调查——当然，精确度是相对的。因此，如柱子的尺寸关联于柱子的高度和直径的理论，这样的世纪性问题仍然有待讨论。

按照此脉络，《建筑史学家学会杂志》中马修·A. 科恩（Matthew A. Cohen）最近的文章记述了对通常被认为是布鲁内莱斯基为佛罗伦萨建筑文艺复兴做出的典型贡献——旧圣洛伦佐教堂的圣器收藏室（"Sacristy of the Basilica of San Lorenzo"，佛罗伦萨）的新调查。[5] 科恩对建筑进行了缜密观察，对其元素和一般比例系统做出了新的研究。他展示了实测图和分析图表，并基于实证研究收集有关建造者身份的历史争论。据此认为，圣洛伦佐部分由布鲁内莱斯基的前任——普赖尔·马泰奥·迪·巴尔托洛梅奥·多尔菲尼（Prior Matteo di Bartolommeo Dolfini）设计。科恩的分析暗示，尽管圣洛伦佐教堂或许被认为是预示着新开端的建筑物，但同样也应该被理解为14世纪的建造实践的延续，因而，中世纪传统对文艺复兴影响深远。如果这一建筑物可以在某种程度上被理解为中世纪的作品，那么文艺复兴的类别和年代应该如何划分？在科恩的结论中，仅仅谈到这些问题在"建筑比例作为历史证据的重要研究"中非常重要。他观察到："这种综合的、以观察为基础的路径有潜力为建筑史研究展现与建筑比例、建筑理论及实践等其他领域有关的新知识。"[6]

衡量圆柱的间隔和尺寸本身并不能"自然地"将建筑物分为中世纪后期或文艺复兴早期。在19世纪中期之前，15世纪的建筑物并没有被认为是文艺复兴风格的建筑，因为这一类别还没有成为（当时的）文化

---

[5] Matthew A. Cohen, 'How Much Brunelleschi? A Late Medieval Proportional System in the Basilica of San Lorenzo', *JSAH* 67, no. 1 (March 2008): 18–57.

[6] Cohen, 'How Much Brunelleschi?', 44–45.

历史研究的工具。科恩的研究非常有价值，有助于提醒人们，通过文物的实证性研究来理解过去的古老任务迄今仍没有完成。考虑到历史学家可以根据建筑物及其购置、设计和建造的其他知识来解读新数据并重新计算比例关系，诸如此类的研究迫使我们继续重新考虑建筑史的广义分类。正如前一部分讨论的证据形式的例子，这一案例把建筑物新的测量方法作为程序性证据，这一程序性证据基于背景因素，同时在被展现之时已充分体现其概念含义。

科恩的文章提出了对于现有证据细致的再评估（在他的案例中，是通过重新测量的方式），有助于呈现对于整个时代的历史学都有影响的类别。我们接下来的案例是有关皮拉内西作品集的专业问题：他是如何、又是以怎样的顺序完成了《罗马的风景》（*Vedute di Roma*，1748 年以后），又是在何时以及怎样逐步对其进行了修改？在为《蛇和笔》（*The Serpent and the Stylus*）一书写作的文章中，罗伯塔·巴塔利亚（Roberta Battaglia）证明，这些问题要求历史学家了解皮拉内西的工作程序和他制作的铜版以及用这些铜版制作的印刷品的物质踪迹。[7] 她的例子典型地反映了因为发现一系列新范例而带来的年代学问题，必须根据对建筑师作品和设计方法的专业知识，按照现存的版画序列确定时期并与之协调。

皮拉内西几乎从没有为《罗马的风景》标注过日期。他重新制作了这一系列和其他系列的铜版，使得学者们通过铜版的一系列修改来推断最初蚀刻的原始顺序和添加、增强和丢失细节的顺序。这类研究推进的方式是比较蚀刻的不同状态，分析现存铜版细节的腐蚀和混淆，观察在

---

[7] Roberta Battaglia, 'A First Collection of the *Vedute di Roma*: Some New Elements on the States', 原载：*The Serpent and the Stylus: Essays on G. B. Piranesi*, ed. Mario Bevilacqua, Heather Hyde Minor & Fabio Barry (Ann Arbor: University of Michigan Press for the American Academy in Rome, 2005), 93–119。

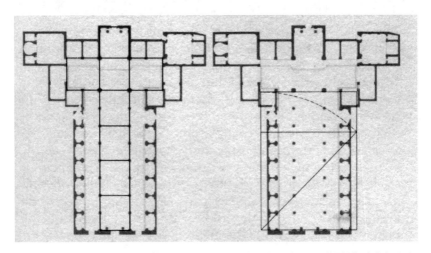

图 13　佛罗伦萨圣洛伦佐的实测图和几何研究，由马修·A.科恩制作并准允刊登。

任何给定的案例中页面上墨水的相对浓度以及印刷线条的清晰度，说明已知的出售和传播模式，以及已知早期例子的收藏史。在其论文中，巴塔利亚描绘了在罗马梵蒂冈教廷图书馆一卷杂乱的印刷品中发现的此前不为人所知的《罗马的风景》。她详细记录了在这卷书中发现的十四张《罗马的风景》，比较了手头的例子和现存的年代确定的收藏品："梵蒂冈系列非常有趣，因为它包含——对于一些观点来说——迄今为止在专业研究中尚未记录的原始状态。它同样使我们能够密切关注皮拉内西的创意进程，确定艺术家应用于每一工作过程的持续、几乎令人厌烦的实验的精确时刻。"[8] 这一证据阐明了年代学的一个小问题，同时把其程序内涵扩大到皮拉内西如何设计，如何看待世界以及他作为建筑师的可能性这些更大的问题——这些问题既与《罗马的风景》有关，也与他的其他系列作品，及其准备、印刷、翻印和销售等庞大工作有关，现在世界

---

[8] Battaglia, 'A First Collection of the *Vedute di Roma*', 99.

上仍留存着数以千计的印刷品。

毫无疑问，布鲁内莱斯基和皮拉内西既是当时建筑史的经典人物，也是如今的典范。因此，他们带来的证据和程序问题一定程度上是传统的。上述提到的历史学家测量和比较文物并确定其年代和来源。正如下文所述，第三个案例允许我们去研究类似的问题，但是通过引入一些深奥的材料，它抵制之前例子所倾向的不容置疑的问题与强有力的结论。

现在回到 20 世纪同样经典的对象，安东尼·穆里斯的论文显示了在勒·柯布西耶基金会（巴黎）中发现的档案，如何促进了对现存的关于勒·柯布西耶为旁遮普省首府昌迪加尔所做规划的渊源的解释的重新认识。[9] 穆里斯写到，勒·柯布西耶和澳大利亚农学家休·C. 特朗布尔（Hugh C. Trumble）在哥伦比亚波哥大偶遇，特朗布尔向勒·柯布西耶描绘了他的家乡，即 1836 年威廉·莱特（William Light）上校所设计的南澳大利亚的殖民地首府阿德莱德的基本格局和显要特征。似乎是在特朗布尔的影响下，勒·柯布西耶画出了昌迪加尔的城市草图（追溯到 1950 年 9 月 19 日）。

这幅草图证明的事实相对平庸，只是把两个男人定位在特定的时间和地点，但是，穆里斯从两方面论证了其历史意义。第一是概念性意义。勒·柯布西耶所画的阿德莱德显示他如何用普遍性的现代主义的规划来理解并理想化一个不受欢迎的历史城市："勒·柯布西耶描绘出的'阿德莱德'（在画中回归）有效地表现了建筑师在都市化方面的理念——看似是国际现代建筑大会（CIAM, the Congrès International d'Architecture

---

[9] Antony Moulis, 'Transcribing the Contemporary City: Le Corbusier, Adelaide and Chandigarh', *From Panorama to Paradise: Proceedings of the 24th Annual Conference of the Society of Architectural Historians, Australia and New Zealand.* ed. Stephen Loo & Katharine Bartsch (Adelaide: SAHANZ, 2007), cd-rom.

Moderne）理想的自我实现的预言——通过草图的形式。确实，正是通过'再画'阿德莱德的过程，这一思想才得到了看似完美的阐明。" [10] 第二个意义是程序性意义和背景性意义。阿德莱德的规划仅仅早于勒·柯布西耶被委任设计昌迪加尔总体规划的前几天，也是完成这一设计的七个月前。将两个城市对比发现，勒·柯布西耶笔下的昌迪加尔和阿德莱德有诸多共同特点。图示中，它们在规划形式、元素部署、公园和绿色空间的位置、与景观形态的关系等方面都有共同点。[11] 它们都是一种类型的文件：一个是记录了现存城市的图画；另一个是文献中的城市，是一个包括理念、执行及所有相互竞争力量之痕迹的全新首府城市。

穆里斯问道，这一证据归结起来说明了什么？他认为，不管人们对勒·柯布西耶的阿德莱德画作有怎样的兴趣和好奇心，也不考虑画作的背景是波哥大的特朗希尔，关于阿德莱德的画作并不能作为分析和解读昌迪加尔设计的可靠证据。然而，考虑到两个文件的相似性，以及其产生时间的临近，该画作完全有理由成为合理解释旁遮普城市起源的一系列参考资料。

在每个案例中，证据都在某种条件下削弱了对象的特定知识：圣洛伦佐教堂的设计者归属，皮拉内西的《罗马的风景》不同状态的顺序，以及勒·柯布西耶的昌迪加尔的来源。科恩、巴塔利亚和穆里斯都反对明确强调现存资料的意义，而不利用新证据来考证旧问题。如果把当今建筑史领域其他所有这样的努力集合在一起——共同结果是推进了新知识，但同时破坏了历史知识要素的稳定性。如此，他们以各自的方式展现了在卡洛·金兹堡（Carlo Ginzburg）1979 年的论文《间谍》（*Spie*）中做出的著名论断——这是一篇关于历史证据特性和部署的经

---

[10] Moulis, 'Transcribing the Contemporary City', 7–8.

[11] Moulis, 'Transcribing the Contemporary City', 8–9.

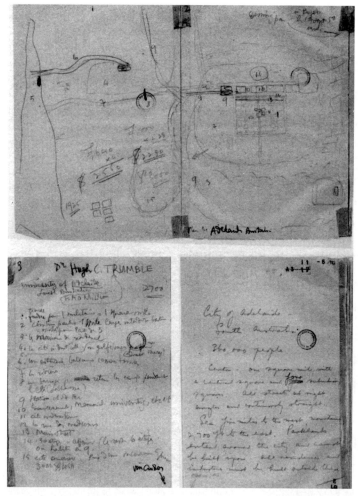

图 14　南澳大利亚的阿德莱德，由勒·柯布西耶和休·特朗布尔绘制，哥伦比亚波哥大，1950。

典文章。[12]

　　医学诊断需要平衡病情的一般和典型症状与特定病人身上特异的症状。建筑学的历史问题与任何史学领域一样，在不同案例中不能呈现

---

[12] Ginzburg, 'Spie'; 英文版: 'Morelli, Freud and Sherlock Holmes'。参见: ch. 1, n. 11。

同样形式的证据。因此，关注历史问题的证据领域，必然在用途或意义方面与关注其他问题的证据有所不同，需要历史学家经过积累知识、锤炼悟性，培养出诊断者的直觉。经验将会不可避免地影响历史学家对案例的特色和共性的平衡方式。建筑史学家具有在特定的历史问题背景下，推断事件走向的意识，并且能够利用知识和经验从一个安全的立足点深入到下一个，在合理、有限的范围内推断出事情变化的过程。分析相对可靠的一个阶段到下一个阶段的中间阶段是解读的恰当领域。正如金兹堡后来在 1991 年的辩论司法史《法官和历史学家》（*Il giudice e lo storico*）中所观察到的一样，"历史学家有权利去发现那些法官或许认为'诉讼缺乏根据'的问题。"[13]

建筑作为历史证据

这三个简要的例子关注在建筑史一些更核心的问题中证据运行的方式：设计的过程和环境、作品的日期和特性、影响建筑师的因素和建筑师参考的资料等。建筑史学家可以对建筑世界进行封闭的研究，展示一系列独立的问题和动机。当然，建筑学存在于一个很少关注内部问题的世界。鉴于此，各种类型的建筑作品可以成为建筑之外的历史问题的证据，如由学术史、社会史、人口史、文化史、制度史、军事史、宗教史、科学史、政治史、国家和地域史等所引发的问题，更勿论由艺术史、技术和建造史，或城市史等所引发的问题——所有这些都与建筑史关注建筑对象的方式密切相关。

---

[13] Carlo Ginzburg, *The Judge and the Historian: Marginal Notes on a Late-Twentieth-Century Miscarriage of Justice*, trans. Anthony Shugaar ([1991], London and New York: Verso, 1999), 17.

15 世纪由理想人体（按照上帝的形象塑造的人体）测量得出的人神同形同性，在 16 世纪的意大利建筑中逐渐消失，但到了 17 世纪又复兴了，这体现了对古迹进行基督教化再评估的趋向。我们要思考一下这种变化是如何发生的。尽管（当时的）建筑师以及（今天的）建筑史学家所面临的问题与建筑和艺术领域密切相关，但当时的建筑作品却有助于理解宗教改革使过去极权化的基督教会面临宗教、文化和政治危机的知识产生过程。

历史学家从有关法国西北部加来海峡的泰鲁阿讷镇（Thérouanne）组织、配置和建设的文件记录中，理解查尔斯五世的军事策略、技巧和技术，同样值得思考。1553 年，查尔斯五世的军队把此镇夷为平地，并在农田上撒盐以阻止其复兴的一切可能性，就此使小镇消亡。这些事件明显不属于建筑史学的领域，但是，城镇和城市的知识、围城的组织和随之而来的防御工事，以及城镇解散和瓦解的过程，可以丰富历史课题，给予建筑史新的视角。[14]

同样，文化或技术史学家或许会把 19 世纪新西兰毛利人的建筑物视为在英国人殖民统治和定居之后（从 1840 年开始），前者文化和技术转变，以及适应态度的指数。此类历史包括 19 世纪和 20 世纪建筑形式和布置的发展、加固技巧的发展、毛利建筑中借用的英国和欧洲建筑经典以及诸如涂漆和钉钉子之类的建筑技术。这些历史发展反过来又对毛利社会、文化、宗教和艺术史产生影响。[15]

---

[14] Pieter Martins, 'La destruction de Thérouanne et d'Hesdin par Charles Quint en 1553', 原载：*La forteresse à l'épreuve du temps. Destruction, dissolution, dénaturation, XIe–XXe siècle*, ed. Gilles Blieck, Philippe Contamine, Christian Corvisier & Nicolas Faucherre (Paris: Comité des travaux historiques et scientifiques, 2007), 63–117.

[15] 比较：Deidre Brown, *Maori Architecture: From Fale to Wharenui and Beyond* (Auckland: Raupo, 2009)。

　　与我们可能称为建筑的各种媒介作品一样，建筑物由法律、科技、品味、惯例和用途所塑造。因此，建筑物使我们可以透视其得以建造并居住的更广泛的历史条件，也因而成为对于任何数量的同类历史分类都有用的档案。但是，历史学家并不能直接应用某一特殊历史学问题周边的建筑学证据。特别是对于那些最初作为建筑师来培养的建筑史学家来说，从设计到实现的过程中所获得的独有的洞察力，使得他们可以去评估建筑作品在一种历史和另一种历史之间的界限更为清晰的世界，他们的研究更适合作为其他领域的历史学家研究议题的证据。例如，经济史学家提出的有关建筑物的问题，可能会与建筑史学家提出的问题有很大差异。专业性及其局限性仍然是悬而未决的问题：何种因素决定一段历史是建筑的？安德鲁·巴兰坦（Andrew Ballantyne）观察到，"建筑，特别是它们都聚集到城市中的时候，便是最大的人造物。"所以，对于不是建筑师和建筑史学家的人来讲，建筑也非常重要和非常有趣。然而，建筑史学家提出了一个根本性问题："我们决定哪种写作内容最重要的时候，哪种价值观会影响我们的判断？我们决定将建筑物写入历史时，我们选择说些什么？"[16]

　　最后一个例子可以让我们进一步推进这一理念。2007 年的展览"规划的曙光"（门德里西奥建筑学院）由建筑师兼规划师约瑟夫·阿塞比洛（Josep Acebillo）、建筑史学家玛丽斯特拉·卡西亚托（Maristella Casciato）和斯坦尼斯劳斯·冯·穆斯共同策划。该展览把两座当代规划的城市——昌迪加尔和巴西利亚当作历史材料的一种形式。[17]昌迪加

---

[16] Andrew Ballantyne, 'Architecture as Evidence', 原载：*Rethinking Architectural Historiography*, ed. Dana Arnold, Elvan Altan Ergut & Belgin Turan Özkaya (London and New York: Routledge, 2006), 38。

[17] Maristella Casciato & Stanislaus von Moos (eds.), *Twilight of the Plan: Chandigarh and Brasília* (Mendrisio: Mendrisio Academy Press, 2007).

尔 1951 年开始由勒·柯布西耶、吉纳瑞特等规划，巴西利亚 1956 年到 1960 年由卢西奥·科斯塔和奥斯卡·尼迈耶（Oscar Niemeyer）规划。在其编目文章《走向查布拉》（*Vers une 'Grille ChaBra'*）中，冯·穆斯描述了展览的概念和策展挑战。他的评论特别关注历史建筑对象中"内部"和"外部"之间的平衡：

> 展览中的照片记录了这些城市被赞赏或评判的范式：气势恢宏的政府官邸虽然在昌迪加尔案例中显得"破碎"，但是，其周围巨大开放（"广阔无边"）的空间，交通干线中所表现出的戏剧化的进步言辞（产生了比他们各自国家的其他城市更密集的交通网络的基础设施），尽管精心设计但依然有些刻板的计划住房反映出对福利国家的信心。当然，与之并存的是项目原有规划和建造与过去几十年中项目被占据、使用或重新定义的方式之间的差距，以及贫困的现实和全球化的前景侵入曾经相对"笛卡尔式的"空间所产生的断裂与缝隙。[18]

"规划的曙光"在处理这些历史学问题时展示了记录两个规划城市早期生活的档案照片，但很快就转到了摄影师恩里科·卡诺（Enrico Cano）所调查的现在（2006）。因此，它不仅讲述了构思和实现的过程，也讲述了城市作为现代生活环境的历史。这些意象或许冒犯了清教徒式的现代主义者，但是，它们描绘了一个包含建筑的现实，同时拒绝建筑（和建筑史）可能施加的各种限制，旨在了解城市及其建筑作为各种社

---

[18] Stanislaus von Moos, 'Vers une "Grille ChaBra": Notes on the Exhibition', 原载：*Twilight of the Plan*, ed. Casciato & von Moos, 39–40。

会、家庭和文化活动背景的运行方式。

内部和外部历史

　　当建筑作品本身成为历史中非建筑问题的证据时，作为一份记录，它起到内化证据领域的作用，而对将建筑物作为建筑史研究对象的分析至关重要。建筑物、图画、照片或城市街区因此成为内化复杂力量和决策领域的索引。举例来说，大规模住宅项目的案例可被视为住宅经济史中一个简单的人工制品，也可以被视为住房政策和产业的特定后果。建筑史学家或许倾向于更深入地挖掘项目本身，以了解项目的制造过程和外观如何影响其在住房中的作用和功能。毕竟制定政策和解读政策的人，共同使建筑呈现出特定外观；某一些人（其他人）定义了项目之内的某一建筑与另一建筑的关联；还有一些人（也许另外的一些人）决定如何将住房方案推销给潜在居民。对于这其中的任何一个问题，建筑史学家横跨专业和非专业的界限以寻求证据。

　　一座建筑物可以被理解成远超建筑领域的历史问题，把建筑史学家的视角融入这些历史议题之中，可使建筑成为更为丰富的资源，而无需重新纠结建筑学的本质。尼科尔·科里斯特里姆（Nicola Coldstream）在呈现有关中世纪的建筑和中世纪的建筑师这一特定史学问题的著作中观察到："一旦建筑物竣工，可能就会拥有个人的（personal）历史。但是，它同时也会进入主要的历史叙述，而历史叙述涉及的远不止是对一个建筑物如何建造而成的理解。"[19] 一栋建筑物的"建筑学"知识对于理解其

---

[19] Nicole Coldstream, 'The Architect, History and Architectural History', *Transactions of the Royal Historical Society* 13 (2003), 220.

如何进入主流历史叙事是非常重要的，这也决定了建筑史学家针对历史证据所采取的特定研究方法，对解决手中例子所提出或涵盖的历史问题在多大程度上是重要的。

第四章

如何有用？

长期以来，过去已经为建筑师提供了一系列模型、激励和灵感，在不同程度上塑造了其艺术和职业实践。15 世纪，佛罗伦萨和罗马引入罗马古建筑物作为形式和类型模型的来源，证明人们萌发了新的认知，意识到过去的重要性及过去对现在的意义。目前，我们可以把这一新的观念关系称为新出现的历史意识。同样，这种历史意识成为现代建筑文化的基础，甚至像包豪斯这样的建筑运动，也明言反对历史模式和先例，证明其已经认识到了选择的历史性。[1] 建筑师不仅引用过去，同时也利用历史的尺度来评价作品及当代建筑的理念。几个世纪以来，建筑维持着与古物的这种关系，但没有仅仅把古物作为参考。例如，福西永在《形式的生命》（ *La vie des formes* ，1934）中阐明了历史形式的周期性循环；柯林·罗在《理想别墅的数学》（ *The Mathematics of the Ideal Villa* ，1947）中探寻"理性"基础上现代主义和文艺复兴的关系；泽维在《建筑师米开朗基罗》（ *Michelangiolo architetto* ，1964）中强调手法主义原型对战后现代主义的重要性；塔夫里在《建筑学的理论和历史》（ *Teorie e storia dell'architettura* ，1968）中讨论建筑史学家过于强调过去的经验

---

[1] Tafuri, 'Theories and History of Architecture', 36–40. 比较：Nikolaus Pevsner, *Pioneers of Modern Design: From William Morris to Walter Gropius* ([1936] London: Faber & Faber, 1936)。

教训所带来的风险。[2]

从 18 世纪开始的明显趋势就是建筑史研究成为人类文化研究的一
个维度，这不仅有利于建筑史自身的发展，也可以为当代建筑师提供借
鉴经验。建筑师把建筑学的历史知识当作可以质疑和发展的传统知识，
当作和古玩一样可以把玩的辞藻。19 世纪中期开始出现带插图的建筑
史著述，如卡特勒梅尔·德·昆西的《建筑学历史词典》（*Dictionnaire
historique d'architecture*，1832）或约瑟夫·格威尔特的《建筑百科全书》
（*An Encyclopædia of Architecture*，1842），此外还有"百科全书式"的
风景，展示出如画且怪异的公园，如巴黎附近融合中式和英式风格的黑
兹荒漠园林（Retz）、瑞典国王古斯塔夫三世的英国式的哈加公园（the
Swedish King Gustavus III's gradens at Haga），或是安德烈亚斯（Andreas
Schönle）的《花园统治者》（*The Ruler in the Garden*，2007）[3] 所描述的
俄国风景。19 世纪中后期到 19 世纪晚期不拘一格的辩论，主要关注建
筑史对于建筑设计者的可用性[4]。一些人认为风格和装饰的重要性和适宜
性已经被固化，而另一些人则认为其可以随意进行选择。然而，对于建
筑师来说，它们就像样书中的图样一样，在某种程度上具有一定意义，
但与首次出现的时间和地点已无关联。

---

[2] Bruno Zevi & Paolo Portoghesi (eds.), *Michelangiolo architetto* (Turin: Einaudi, 1964), esp. Zevi,
'Introduzione: Attualità di Michelangiolo architetto', 9–27; Tafuri, *Theories and History of Architecture*,
141–170; Tafuri, *Ricerca del rinascimento. Principi, città, architettura* (Turin: Einaudi, 1992), 英文版:
Interpreting the Renaissance: Princes, Cities, Architects, Daniel Sherer trans. (New Haven, Conn.: Yale
University Press, 2006), esp. xxvii–xxix。

[3] Gwilt, *An Encyclopædia of Architecture*; Diana Ketcham, *Le Désert de Retz: A Late Eighteenth-
Century French Folly Garden, The Artful Landscape of Monsieur de Monville* (Cambridge, Mass.: MIT
Press, 1994); Andreas Schönle, *The Ruler in the Garden: Politics and Landscape Design in Imperial
Russia* (Oxford and Bern: Peter Lang, 2007).

[4] 比较: Yves Schoonjans, *Architectuur en Vooruitgang: De Cultuur van het Eclecticisme in de 19de
eeuw* (Ghent: A&S Books, 2007)。

这些例子旨在展示在 20 世纪已经得到充分应用，把建筑史对建筑设计师的有用性从历史学家理解的精确历史状况中分离出来的趋势。我们很难忽略建筑师在历史中寻找模型、理念、策略或激励及灵感等有用事物的趋势。这种建筑史意义上的重要性使人们对建筑史经典作品以及随着时间的推移而修订的术语和方法有了一个定性，也影响了建筑学院如何教授建筑史，从而为确立建筑学的历史工具化问题指明了方向。

当代史和过去史

谁会阅读建筑史？为什么阅读建筑史？意大利哲学家贝奈戴托·克罗齐（Benedetto Croce）在 1912—1913 年的论文《历史与编年史》（*History and Chronicle*）中，描述了在过去历史投入的三种层次：当代史（或真实历史）、过去史（或编年史）和文献学（或博学[erudition]）[5]。当代史讲述与当下产生共鸣的故事，超越过去，寻求与当今世界的关联。此类历史以史为鉴，甚至可以建构历史的经验，提醒我们当今和过去并没有太大的差异，我们的世界和过去的世界是相同的。正如布克哈特的名言："历史在任何时候都是一个时代对另一个时代所发现的有意义的事物的记录。"[6]

这种过去与现在的关系可能是良性的，也可能是恶性的。我们或许把过去当作门口的回声，或超越时间的权威声音。当代史为各种文化实

[5] Benedetto Croce, *History: Its Theory and Practice*, Douglas Ainslie trans. (New York: Russell & Russell, 1960). 有关这方面的讨论，请参阅：'History and Chronicle', 11–26。
[6] Jacob Burckhardt, *Judgments on History and Historians*, Harry Zohn trans. ([1958], Indianapolis, Ind.: Liberty Fund, 1999), 168.

践的历史主义提供了艺术、宗教和政治的依据，而这些文化实践认为历史不只是过去发生的事件的档案。克罗齐认为这样的历史是真实的，因为这是最具有价值的历史，直击他称之为"灵性"（Spirituality）的中心，把当前与其起源连接起来。当建筑史在克罗齐所指的意义上是当代的时，它成为建筑的同时代性和实在性的一个维度。

相比而言，过去的历史与当今的生活和（对于克罗齐来说）人的精神存在相互分离。这正是 L. P. 哈特利（L. P. Hartley）称为"一个陌生国度"（a foreign country）的历史 [7]。但是，克罗齐认为"真实"历史体现了当今的目的性，"编年史"则与当代的关切无关。克罗齐解释道："历史是活的编年史，编年史是死的历史；历史是当代史，编年史是过去史；历史本质上是思想的行为，编年史是意志的行为。如果历史不再包含思想，仅仅是使用抽象文字的记录，就成了编年史，而抽象的文字也曾经在某个时期是具体并且富有表现力的。"[8]

这种历史与过去的划分是与世俗无关而与"灵性"相近的问题，即与人类的精神有关。即使被认为与任何特定地方的当下时刻关系不大的近期的历史，也属于编年史的范畴。他还指明那些早已被遗忘的时间和地点，或许像古代遗迹一样能给观者年代感和历史庄严感，但是却对现在没有可借鉴"经验"的纪念物的历史都是编年史。

我们现在或许发现克罗齐对于历史的讨论有些奇异，但是，他在历史学家与当代观众不同关系的基础上为建筑史写作任务的不同路径，做了清晰的概念区分。在 50 年后写出的《什么是历史》（*What Is Hisotry*，1961）中，E. H. 卡尔（E. H. Carr）用相似的术语表达了相同的观点，

---

[7] L. P. Hartley, *The Go-Between* (London: Hamish Hamilton, 1953), 9.

[8] Croce, *History*, 22.

对"基本"事实和"历史"事实进行了区分。[9] 因此，到目前为止，建筑学和建筑史学的区别，并不是有学问的中世纪式听众与中世纪式的学者的区别。反之，在建筑史呈现出的特定环境中，当代史将会回应建筑师、建筑学学生，以及日常遇到建筑改变世界的问题的人们的关切。因此，能够与时俱进、历久弥新的建筑理念对于这类观众至关重要，因为这是历史可以超越时代保持对建筑的影响力和关联性的基础。另一个基础是抽象化，它允许产生建设性的误读、允许不合时宜，为建立在过去基础上，但反映了当今眼光和价值观的当下提供经验。

如下例子值得思考。亚述的古代建筑、西欧的中世纪建筑或澳大利亚土著的建筑物和住房，如何与当今的建筑实践联系在一起？在每一个案例中，有些人会以不同的术语，与不同地域的受众来讨论它们的基本相关性。另一些人则会把梅茨的圣斯蒂芬教堂（St Stephen's Cathedral in Metz，始建于 1220 年），或尼尼微城（Nineveh）的结构视为过去的惰性状态：学者一直对明显具有艺术性的建筑感兴趣，但这与现代和当代建筑并没有直接关系，彼此之间几乎没有任何共同点。

当然，这些特定的案例还有待讨论，但人们的研究可以用来证明一个毋庸置疑的观点：建筑史成为记录过去的编年史，过去的建筑学是出于兴趣（如克罗齐所说），而不是因为其对于现在产生的影响。一个对象本质上不存在"当代"或"过去"的区分。如果一个被视为具有历史研究价值的建筑在当下也具有重要性——比如土著建筑在文化复兴时期的重要性，或牙买加的拉斯特法里教的建筑与传统建筑同样获得项目合法性，其地位就从"没有生命的历史"的研究转变成"鲜活的编年史"的

---

[9] E. H. Carr, *What is History?* 2nd edn, ed. R. W. Davies ([1961], Harmondsworth: Penguin, 1984), 10–11.

一部分。[10] 正如卡尔所说："仅关于过去的事实被转变成历史事实。"[11] 这些例子和 19 世纪欧洲各国中世纪历史的 "再发现" 和浪漫化一样，都受到了克罗齐一个世纪前所写作的观点的影响。和 18 世纪 "发现" 希腊以及认为希腊建筑对启蒙运动时代的多种文化都具有重要意义一样，这些例子也一样倾向于当代化。任何给定的历史案例或主题的重新流行也同样属于这一过程。在此，不同的例子通过两个相互联结的问题而联系在一起：首先是，过去如何与现在相关？其次是现在为何要回顾过去？

当代性和建筑史

这使我们更接近建筑史受众的问题。一般说来，建筑史的读者既包括建筑史学家群体，也包括更广泛的建筑文化群体，如建筑师和学习建筑的学生。历史展览的受众扩展到非专业群体中，但通常基于更强烈的文化相关性或遗产属性。因此，新书和文章必须补充和吸收当代知识，这往往造成两个大相径庭的结果。一本书可能有助于补充解决有关特定历史问题的学科知识。读者将在发现或创新分析的基础上评估其学术重要性。这项研究或许会对某一时期的历史、某一人物的知识、对超越目前研究对象的问题或专题讨论，都具有更广泛的意义。历史学家或许会认为某段历史是当代史，而建筑师则将其视为过去；或者，在大学或博

---

[10] 比较：Paul Memmott, *Gunyah, Goondie + Wurley: The Aboriginal Architecture of Australia* (St Lucia, Qld: University of Queensland Press, 2007); Elisabeth Pigou-Dennis, 'Fabricating a Space and an Architecture: The Rastafarian Experience in Jamaica'. 原载：*Formulation Fabrications: The Architecture of History, Proceedings of the 17th Annual Conference of the Society of Architectural Historians, Australia and New Zealand* (Wellington: SAHANZ, 2000), 73–83。

[11] Carr, *What is History?* 12.

物馆工作的人可能会看到某一研究主题与当代建筑实践问题的相关性，而专业建筑师或许不能立刻意识到这种相关性。

这清晰地提出了学科之间或学科与专业态度间的交流问题。建筑史的宝贵财富有赖于历史学家对细节意义进行的论证是否对当代知识和当代问题的解决具有说服力。一本书、一篇文章或一场展览可能与建筑师专业实践所需要的建筑史知识相关，也很可能包含对当代文化和社会有益的、对人类文化更普遍的理解。

建筑专业院校的建筑史教学为这一议题提供了重要的制度环境。笔者有意为建筑史课程的内容设想出一个严格的限定条件，即课程内容应该有助于建筑史学家预测将建筑师提升为学养深厚的专业人士所必需的历史实例、概念和框架。当然，常与过去打交道的人可以理解建筑史中的片段和主题如何适应当今的实践。这在一定程度上可以归因于抽象和工具化的能力，这是教学的基础，也可以被理解为是更大、更长的过程的一部分，在这个过程中知识随着时间的推移被综合和重新激活。建筑史学家的课堂教学法可能与他们在该领域图书馆或档案室的活动和关注的问题相矛盾。[12] 事实上，建筑史学家一般在建筑类学校、文化遗产机构及博物馆，或艺术史系等机构或部门工作。他们的大量工作与卡尔所说的"过去的事实"相关，并通常采用克罗齐视为"死的历史"的方式。这些工作的各个角度都可能成为"真实"历史的来源，引用克罗齐和卡尔的说法，这些历史将成为建筑师特别感兴趣的"历史事实"，并被视为他们的"当代史"。因此，这就决定了建筑师和他们的同行有资格凭借直觉来决定建筑史学家所研究的对象、

---

[12] Evonne Levy and Jens Baumgarten, 'Our Baroque Confection', *Revista canadiense de estudios hispánicos* 33, no. 1 (Autumn 2008): 39–64, esp. 57–61，两作者围绕着巴洛克的主题介绍了许多学者的不同观点。

方法、媒介或判断之间的关联性。

把真实的历史当作一个问题，我们可以考虑把克罗齐的第三种史学范畴——"文献学"或"博学"作为解决的办法。在这种语境下，博学史赋予人工制品独有的价值，超越与当下的关联，超越叙述结构。我们很容易联想到这样一种刻板印象：穿着粗花呢、肘部打补丁的学者，在满是灰尘、摆放着等墙高的书架的房间里工作，书桌上堆满杂乱的档案、书和文件，但是我们也会忽略其中的重点。文献学家的文献，特别是书面文物，既是叙述史的内容，也是叙述史含义的体现，事实上，"文献学"这一说法来源于希腊的短语"爱文字"。

真实历史或博学史有赖于专门的知识，在建筑史学中，有赖于建筑物、纪念碑和其他形式的建筑作品与档案、图书馆和其他外部来源的一致性。自然地，一些以这种方式工作的人旨在提炼卡尔"死的历史"：修订年表、整理文件记录，质疑一个人或另一个人是否参与了某个事件。

为确定一座 12 世纪塔楼的结构原理而进行的历史研究可能对较长期的技术发明编年史具有启示意义，或帮助我们理解现在所说的中世纪建筑构成和装饰的原则，或有助于了解建筑物的理念和建成中个人的作用。忽略对历史档案的具体要求，那些很容易被认为与 21 世纪无关的发现也可能会发挥重要的作用。当它们作为"历史因素"被引入时，不必形成经验，但可以在当代建筑史领域内充当一个激发因素。博学史是真实历史的外在过程——把克罗齐术语的适用性尽可能扩展到最大——文献学给予博学史以知识。这个第一性研究是从历史的横断面，对证据、文物以及它们与现有叙述的调和及对抗进行分析和整理。其处理的是片段而非整体，正如最近几十年来历史学家所了解到的一样，这会成为一种对整体的干扰因素。

趋近与疏离

对克罗齐的成就娓娓道来并非只是一种好奇心，因为克罗齐关于历史的"灵性"内容的思想是 20 世纪中后期对建筑史和建筑实践关系的讨论爆发的根本原因。特别是二战之后，建筑史学家越来越频繁地证明，通过翻阅过去的材料，历史可以（或被发现）与现在产生共鸣。即使在建筑史学的整个领域并非全部如此——肯定并非如此——战后几十年建筑史学家中日益增长的趋势是展现现代建筑和建筑师从历史中衍生的模式，以及以过去相应事件的处理为依据，讨论建筑行业现在所遭遇问题的经验教训。

因此，建筑师通常是建筑史学家作品的首要读者。正如我们之前所提到的，许多建筑史学家最开始是作为建筑师来培养的，或认为写作或撰写建筑史是他们专业建筑实践的一个方面。对于参与到保护、修复或翻新历史遗迹和建筑物的建筑师来讲，建筑实践和历史研究之间的界限只是人为强加的。确实，在这些情况下，历史学家受众的职业倾向似乎是一个更加明显的事实。但是，这将会为建筑史作为一个学科领域的发展带来概念性问题，也可能并不那么重要。正如我们之后简要介绍的，过去半个世纪以来，这一直是热烈讨论的话题，讨论的基本分歧点集中于：建筑史是否首先为建筑师撰写。例如，建筑史学家在这个问题上的基本立场可以使我们了解，他或她所感知的当代建筑的责任是由历史知识塑造的。

因此，建筑史和其他类别的历史一样，都面临着工具性或可操作性问题。同样，政治、战争、经济、宗教或环境的历史也经常遇到这样一种倾向，即肩负为特定的当代读者——政客、军事战术家、经济学家、神学家和环境学家，发现"经验教训"的责任。作者或许看到抽象意义上过去和现在之间的相似之处，或旧话题在新的形势下产生的重要性。然而，这一抽象概念也许会强行塑造历史，以便在其他历史学家或许认为不可靠的历史权威之上，为当代行动指明一条具体的道路。围绕这一可能性产生的是战后有关历史之于建筑的有用性的重要辩论。

历史中的建筑学

我们可以通过泽维的案例来探讨这一主题，他作为代表人物，强烈捍卫工具化的建筑史学。许多历史学家也赞同他充满激情的建筑史写作方式，以及他对被誉为历史上的"英雄"的满腔热情——其中最著名的"英雄"包括米开朗基罗、博罗米尼和弗兰克·劳埃德·赖特（Frank Lloyd Wright）。年轻一些的建筑史学家认为他的观点有瑕疵，但是，也并未全盘否定，亨利·A. 米伦（Henry A. Millon）的含蓄的谴责最能代表对他的观点的质疑。[13] 米伦后来成为美国建筑史学领域的主要人物，但是，1960 年他还只是一位博士生。米伦回应了泽维在《建筑》（*L'Architettura*）上的一篇评论（刊载于 1957 年 9 月），他竭力反驳泽维关于建筑史应该如何有用，以及历史学家是否应该理所当然地使他们的历史对建筑师有用的断言——把应用性（applicability）作为建筑史学的一个基本方面来强调其实用性。这背后隐含的问题是，谁是建筑史的合适受众。这些是为建筑史领域的专家们写的专门史吗？或者广义说来是人文学科的学者和学生？或是建筑师？思考一下米伦的问题：

---

[13] Henry A. Millon, 'History of Architecture – How Useful?', *AIA Journal* 34, no. 6 (December 1960): 23–25.

为什么人们会教授建筑史，建筑史如何才能"有用"？老师希望传授给学生什么？历史是否是塑造优秀建筑师的新工具？历史是否是一种传播信息的"胶囊"，既可以担任净化剂的角色，帮助学生摆脱先入为主的观念，又可以成为赋予其设计以新的活力的"维生素"？历史知识和杰出建筑之间，是否存在直接联系？

或者，历史仅仅是促使人——不管是建筑师还是商人——成熟的过程中的一个要素？或许这是一个让学生了解自己和他人作为人类和创造者的渺小与伟大之处的研究领域？它是否会灌输一种对于有用成就的尊重，对于虚伪假装的蔑视，并培养一种区分两者的能力？[14]

在此，米伦回应了泽维在《建筑》杂志中的提议，后者认为应该使历史教育成为建筑教育的"支柱"，把所有建筑教育的专业都纳入建筑史的元框架中。施工、设计、建筑法等方面的教学都属于建筑史系。建筑学院的每一个人将会成为这样或那样的评论家或历史学家，研究最适合其专业的历史知识。这样，所有的建筑史都将会有用，因为它将帮助学习建筑的学生了解自身在历史长河中的定位，并使他们接触到大量有价值的模式和范例。"许多拥有不同的艺术和技术志趣的教授，"米伦说，"仅仅教授一个科目——历史中的建筑学，旨在研究人在塑造现代性中所发挥的作用问题。"[15]

从当今的视角来看，泽维的建议似乎奇怪而幼稚。确实，许多专业建筑课程在不完全放弃建筑史教学的情况下，尽可能地远离了泽维

---

[14] Millon, 'History of Architecture – How Useful?', 24–25.

[15] Millon, 'History of Architecture – How Useful?', 25.

预想的模式。然而，米伦在其文章中探讨的正是这种教学计划的幼稚性。抽象来讲，泽维的想法非常简单，在战后几十年中已得到广泛认可。历史为当今贡献良多，远远超过对经典的不断复述（对此他存在疑惑），也不应该把历史贬低为一个无用的过去。20 世纪早期现代建筑学存在无视历史的倾向，并且到 20 世纪 50 年代，这种倾向开始对美国建筑学院产生强有力的影响，这也是建筑学院对巴黎美术学院的传统做法的反应。泽维反对这种倾向。他同样反对德国历史学的"冷"模式，这种模式注重细节，但失去了吸引学生和年轻建筑师注意力所必需的特质。

在威尼斯主持建筑史系时，泽维展开了"说教的试验"，旨在测试建筑史对于未来建筑师的有用性。1964 年在回顾了过往的画室对米开朗基罗生活和工作的影响后，他写到，对于一个学习建筑的学生来说，接触建筑史及其方法很少会导向专业领域的职业生涯。[16] 建筑学学生对建筑史的研究总是卓有成效的，但大部分收获会体现在专业实践中，而不是在历史研究中。对于泽维的学生来讲，米开朗基罗为艺术主导与公民主导相结合的问题以及建筑传统中的发明提供了新的思路。在有关文化危机时刻的建筑师–知识分子问题上，米开朗基罗有一定的启示意义，泽维认为二战和罗马大劫掠之间的相同点在于，两者都推翻了文化规范与本来要遵守的艺术建筑传统。

泽维信赖设计的道德——可以对家庭、社区、城市和国家产生积极影响，如果设计不当，则会带来灾难性影响。相应地，当代建筑和设计工作室的问题也可以为建筑史研究提出合适的课题。建筑史学家可以利

---

[16] Bruno Zevi, 'L'opera architettonica di Michelangiolo nel quarto centenario della morte. Modelli, fotografie e commenti degli studenti dell'Istituto di Architettura di Venezia', *Architettura. Cronache e storia* 9, no. 99 (January 1964): 654–712.

用严格的方法来研究与其生活的时代最合宜的历史时期和人物。泽维和米伦均认为，建筑史研究应该促进文化和社会的健康发展。然而，米伦的想法更加宏观，泽维的立场则受到专业建筑实践和教育的紧迫议题的影响。泽维的观点是强有力的，他的目标很清晰。

图 15　纽约古根海姆博物馆（Solomon R. Guggenheim Museum）内部，由弗兰克·劳埃德·赖特设计，于 1959 年开放。

很少会有建筑史学家把教授建筑专业学生建筑史视为一个坏主意，即使他们不赞同建筑史应该教授到泽维 1957 年所建议的程度。研究建筑和研究建筑史并不一样。认识到这一点，米伦得出一个合宜的观察："对于学生来讲，真正的危险来自历史学家，他们一带而过提炼的内容或颇费笔墨着力讲授的内容，目的是从新艺术运动（the Art Nouveau）或空间构架（the Space Frame）中得出少许启示，实际上却在讲授中迷失了本质，或者沉迷于过于生动的描述，这反倒使聪敏的学生难以消化这些建筑知识，而实力派学者充满活力的、真诚的讲解，"能给学生带来持久的滋养"[17]。

[17] Millon, 'History of Architecture – How Useful?', 25.

提炼，增强或梳理？

米伦和泽维之间的虚拟讨论，仅仅是这一问题发展史中的插曲，通过阅读他们的文章，我们可以得知已有的两个基本立场，基于此我们可以考虑将过去的知识应用于建筑实践的功用性的广泛议题。值得回顾的是，在19世纪末出现的现代学术性建筑史的史学传统中，有一种是建筑师把过去的知识当作其专业和艺术遗产。那么，在何种程度上，当今建筑史学家有义务去考虑当代专业的建筑文化的受众？

在历史学家的受众这一议题上，对于泽维想法的另一种回应可以帮助我们进一步探讨。在一本众所周知极其尖刻的著作中，塔夫里指出，泽维希望通过历史，使建筑学和建筑师在当代社会中发挥更重要的作用，在泽维看来，这种作用发挥得还不够。然而，泽维对于战后建筑学所面临的挑战、建筑师应对挑战的方法，以及构建从战后现实到更光明未来之间的桥梁所需要的历史知识的理念是如此狭隘，以至于对实现其目标并无益处。[18] 泽维的建筑史备受批评，他的文章中（刊于《建筑》）到处是历史案例和暗示。尽管这些案例促成了塔夫里称之为"虚假的希望"的产生，但未能促进历史知识和历史叙述的融合。然而，泽维坚持认为在利用过去预示当下的问题方面，克罗齐不可能有比"真正的建筑史学家"更好的例子。

在泽维历史学的管理体制下，历史学家将在建筑师的指导下工作，建筑师了解当代社会的问题和建筑在社会中的定位，之后历史学家接手：展示出好的、相关的历史，删掉坏的、不相关的例子，不再考虑二流的、不重要或边缘的建筑师，即使历史学家认为其具有超越当今问题

---

[18] Tafuri, *Theories and History of Architecture*, 151, 156.

的重要历史意义。为什么要如此周折？有效的建筑史能更好地教育建筑师，也使社会为更好的建筑、更好的城市做好准备。因此，这一类型的历史学家并不简单地研究单纯的、小众的、学术型的材料和议题，他们也会按照当前需要选择课题。也因此，建筑史正是与现在相关的过去的知识。这是对任何给定历史课题合法性的衡量。

塔夫里反对这一方法，但是他的目的大同小异。如果建筑师对某一历史仅有碎片化了解，如何判断建筑史中值得研究的内容？固然建筑史学家基于更宽泛的历史知识领域做出了筛选，筛选本质上意味着因为被认为对当下无关紧要而被删除掉的地理、文化、建筑师以及时代将不会为后人所知。塔夫里声称强烈的"内部"历史的权威和持续性的意识使得建筑学与社会脱离。塔夫里认为，应该记录建筑物建造时相关的各种杂乱状况，建筑史学家不应该（并提醒今天的读者们要关注）为使建筑史更为清晰而删除不合宜的案例、建筑师和问题。塔夫里可能这样反驳泽维的立场：建筑史学家研究过去旨在提供不基于"审美结论"的历史知识。[19]

以上结论或许看似与直觉相悖：如果不帮助建筑师以当今术语理解历史，他们怎么会成为更好的建筑师呢？塔夫里的回答基于过去为现在提供的经验教训和共鸣。建筑师会发现在历史中，过去的教训和共鸣尽管没有用处，但具有煽动性，会削弱泽维推进的历史抽象概念中派生出的建筑学一般价值。在历史学家看来，建筑师阅读历史的后果不可预测，但实际上，这将会是建筑行业健康发展并能发现和解决社会问题的标志。相对于帮助建筑师形成有用的习惯（泽维），建筑史学家更倾向于阻止建筑师出于习惯而设计（塔夫里）。

---

[19] Julie Willis & Philip Goad, 'A Bigger Picture: Reframing Australian Architectural History'，此文提出一个术语，原载：*Fabrications* 18, no. 1 (June 2008): 6–23, esp. 16–19。

图 16 仍然来自于由弗朗西斯科·罗西（Federico Rosi）导演的《城市上空的魔掌》(*Le mani sulla città*，1963）。

这一区分形成了两个组织松散但持续存在的思想流派，它们都关注建筑史如何才能对建筑有益。泽维把建筑史视为特殊的建筑实践。塔夫里认为建筑史学家应该撰写建筑史，建筑师应该知道建筑史的作用。两种关于建筑史的思想流派的基础，都是建筑学知识等同于建筑师拥有的建筑学知识，但是它们关于建筑史学家与建筑师关系的观点，都与事务所和工作室的需求存在或大或小的差距。

文化与建筑工具化

以上讨论塑造了我们坚持的三种立场，这些立场决定了专业观众定义建筑史"有用的"的术语。首先，泽维是语境主义立场，认为历史是决定建筑师构图、规划、装饰、材料等路径的众多背景之一。其次，从米伦的回应中可以看出，他的观点是同一立场的缓和版本：在建筑史中可以学习到很多经验——建筑师和会计师均能从中受益——但是，建筑知识很少受到历史结构和抽象概念的限制。此外，塔夫里采取了批判的立场：建筑史学家可以质疑建筑史所坚持的习惯，这一对立反过来又可以质疑与历史模式、文献及先例相关的事实。因此，这些立场描述了三种不同的学科性或习惯性态度：历史之中的建筑学，服务于建筑学（泽维）；建筑学和历史，共同服务于文化（米伦）；历史与建筑学碰撞，服务于建筑学（塔夫里）。

这一分析中暗含的告诫与卡尔的另一个告诫相差不远。他写道，一个大学生"被推荐阅读那位伟大的学者——圣犹达的琼斯的（Jones of St. Jude's）作品"，他很明智，先向圣犹达的朋友询问"琼斯是什么样的人，有什么才能"。目标读者是职业建筑师的建筑史，在写作时不仅仅应该意识到读者的技术和艺术专长，同时也应明了其读者同样设计建筑作品，而这些建筑作品未来可能有资格变成研究过去的材料，也就是会变成建筑史的研究内容。这一认识不可避免地受到一种关于历史学家在建筑文化中的作用的思想支持，而这一思想又受历史学议程的影响，卡尔将之描述为历史学家脑海中"嗡嗡"的蜜蜂声。"如果你什么都没察觉到，"他写道，"或者你五音不全，或者你遇到的历史学家是一个沉闷的人。"[20]

建筑史学家最重要的任务之一是了解和评估过去，重现不同的决策，并猜测其结果。在这一意义上，建筑史学研究的是历史的形成和视

[20] Carr, *What is History?* 23.

角，与建筑知识的历史语料库的建构、辩护和批判之间的关系。所有这些术语仍有待讨论，通过讨论，建筑史的学科、领域或专业的界限会不断被调整、检验和捍卫。由此看来，我们可以重申前面泽维、米伦和塔夫里描述的，针对建筑知识的历史语料库，以及与建筑历史内容相关的三个特定立场：操纵历史知识的工具性史学，以研究建筑史为目的的科学史和学术史，运用知识和分析反对以直接（工具性和操作性）或习惯性（由于霸权主义的普遍存在）操纵为目的的批判史学。本书中提出的诸多模式仅仅是趋势，而不是完整的路径，建筑史学家通常不会与这些立场中的某一立场完全保持一致。

任何一种建筑史写作态度能够塑造建筑史（它的框架、视角、目标和效果）的程度，都取决于作者或策划人如何认识受众，以及历史上他们对受众的重要性的认识。理论上来说，人们的工具主义趋向是这一问题的重要方面。有必要区分建筑和建筑师参与其中的文化进步，以及建筑学本身形式、理论、规划和意义的进步。针对其中的某一目标，建筑史的形式或许看似是当代的，但对于其他目标，或许看似就是过时的。看似过时的部分促成了一种形式的历史工具主义，20 世纪 70 年代以来，很多历史学家和建筑理论家对此采取了批判立场。他们的反应催生了批判的历史史学传统，与塔夫里为学科设定的目标有着松散的联系，即着手对抗西方经典以及质疑它对于当代建筑的重要性。这一发展使建筑史的近期发展呈现了完全不同的特点。

第五章

历史和理论

历史化建筑学的问题

在这本书中，目前已经探讨了现代建筑史学的不同来源。我们探讨的是 19 世纪末在文化史框架之内作为学科出现的建筑史的系统性研究。在成为一门学科之后，专业建筑学校和建筑学院的规范化建筑史教育日益增多。我们曾经认为现代建筑史领域的问题有三个维度，包括框架和途径、材料和证据，以及受众。其他模式可能也同样有效，或者更有效，但是，这一途径已经使我们能够详尽地得出两个基本点。首先，建筑学历史定义和当代定义的转变塑造了建筑史的内容及分析方法。其次，建筑史在教学和科研领域的合法性很大程度上来自于建筑实践、当今建筑学的迫切需要和建筑师读者的需求。

这并不意味着建筑史必然倾向于研究过时的东西。许多建筑史学家反其道而行之，基于克罗齐的批判文献学或塔夫里的批判史学模式，研究建筑物、纪念碑和城市分区在过去得以构想、商定和实现的历史条件。这也并不意味着建筑史必然服务于建筑学本身的职业兴趣和程序性需要。确实，许多建筑史学家最初的职业教育背景是专业建筑师，因此许多人把当代的实践需要作为考量某一建筑史研究对象的标准，或者要求历史分析直接对当前的问题有启示意义。然而，也存在着强大而重要的学科反传统倾向，其中最有影响力的是艺术史、社会史、制度史和思想史中的建筑史研究，以及把建筑当作一种建筑学文献景观来深入研究。

建筑史在 21 世纪和 19 世纪一样，面临着一系列概念问题，这些问题有时源于相互矛盾的制度和知识传统，建筑史来源于这些传统，又在不同程度上影响了这些传统。这种情况也存在于其他专业、艺术和技术领域的历史中，比如音乐史或医学史，都是历史学科伴随着艺术或专业的历史遗产意识而形成的。

建筑史的作用之一是定义当代建筑学的历史语境。在某种程度上，必须协商、阐明或调和何为建筑学，以及建筑学曾经的含义，对于某些人还包括建筑学能够成为什么或者应该是什么。"建筑学"一词有时会允许历史学家和建筑师将过去和当前的事实与视角随机融合。当然，这是所有历史范畴中的根本议题：如何在当前理解过去。然而，由于现存的历史建筑具有当代意义，并在当代的视觉和体验模式中为人们所认知，因而在建筑史上显得更加重要。一座迄今仍然屹立不倒的 17 世纪建筑并不是简单意义上的过去。无论如何定义，这一情况的复杂性反馈到历史建筑的存量分析中，反馈到建筑观念史中，也反馈到建筑作为历史实践的参考术语中。

正如我们之前所提到的一样，历史领域可能有许多观点仍然与我们现在所知的建筑学领域存在合理联系。一些人追随塔夫里的《计划与乌托邦》（*Progetto e utopia*）、彼得·柯林斯（Peter Collins）的《现代建筑设计思想的演变》（*Changing Ideals in Moderns Architecture*，1965）、约瑟夫·里克沃特（Joseph Rykwert）的《最早的现代主义者》（*The First Moderns*，1980）和肯尼斯·弗兰姆普敦（Kenneth Frampton）的《现代建筑》（*Modern Architecture*，1980）的轨迹，这些作品均把当代建筑学的起源归于 18 世纪的发展、启蒙主义思想的传播、古典传统的重要性逐渐减弱以及美学的崛起。[1] 但是，从史学角度，这可能会产生一个复杂的、涵盖 18 世纪和 19 世纪的中间过去时期（mid-past），以及由这一相对连贯的时代之前的多个世纪组成的扁平的、遥远的过去。它把现代建筑的历史与见证着建筑史崛起的学术发展联系起来。

批判性的建筑史

在 20 世纪 60—70 年代出名的建筑史学家，反对使用佩夫斯纳、吉迪恩和泽维的书中提到的建筑的现代主义价值观来衡量建筑史。如果现代主义运动实现了这些历史中所包含的系列承诺，那么，他们提出疑问：当建筑现代主义作为一个意识形态的终点开始消退和破裂之时，会留给历史或建筑学什么？班纳姆、塔夫里、罗伯特·文丘里（Robert Venturi）和与他们同时代的人表达了对战后几十年中现代建筑所采取的路径的失望，他们将历史的任务按照当代建筑的任务重新调整。形式和功能的问题让位于历史真实性（historicity）和意义问题。

这一时期所写作的历史的受众通常把这些作品描述为建筑理论。在这一意义上，理论不代表建筑实践的运行规则。从历史角度来讲，通过思考建筑学作为艺术、学科、专业或工艺的边界，建筑理论已经成为建

---

[1] Peter Collins, *Changing Ideals in Modern Architecture* (London: Faber & Faber, 1965); Joseph Rykwert, *The First Moderns: The Architects of the Eighteenth Century* (Cambridge, Mass.: MIT Press, 1980); Kenneth Frampton, *Modern Architecture: A Critical History* (London: Thames & Hudson, 1980). 比较：Joseph Rykwert, *The Judicious Eye: Architecture against the Other Arts* (Chicago: University of Chicago Press, 2008); John Macarthur, *The Picturesque: Architecture, Disgust, and Other Irregularities* (London: Routledge, 2007)。

筑构图、布置、材料、装饰等规则知识化的方式。这是之前已经提到的克鲁夫特和马尔格雷夫通过广泛调查所得出的理论。从 20 世纪 60 年代开始，理论开始定义更加开放的建筑学历史批判分析。在利奥塔的定义中，这就是后现代。[2] 它摒弃了宏大叙事，为一种日益相对化的知识打开了大门。在建筑学中，这种学术思想的转变结合了（某种意义上）符号学理论、历史修正主义和弗洛伊德-马克思主义对建筑学、建筑史和历史学的独特见解。到 20 世纪 80 年代，它进一步接受由于雅克·德里达（Jacques Derrida）1967 年的《论文字学》（De la grammatologie）一书的翻译而推广开来的解构主义哲学。[3]20 世纪后期建筑学术史呈现出令人惊奇的术语混杂状态。[4] 20 世纪 60 和 70 年代建筑史学对时代错置和目的论的反思愈演愈烈，到了 80 和 90 年代对这种反思的讨论更加如火如荼，人们拒绝建筑史理论化、拒绝投射性的思维方式。然而，这种反思仍是以批判历史的语言实现，实际上仍是一种（现在）被理解为"理论"的人文写作。[5]

　　许多从 20 世纪 60 年代开始活跃的建筑史学家的作品受到了人文学科品味和价值转变的影响。尤其在以英语为母语的人文学科研究环

---

[2] Jean-François Lyotard, *La condition postmoderne. Rapport sur le savoir* (Paris: Minuit, 1979), 英文版：*The Postmodern Condition: A Report on Knowledge*, Geoffrey Bennington and Brian Massumi trans. (Minneapolis: University of Minnesota Press, 1984)。

[3] Jacques Derrida, *De la grammatologie* (Paris: Minuit, 1967), 英文版：*Of Grammatology*, Gayatri Spivak trans. (Baltimore: Johns Hopkins University Press, 1976)。

[4] Andrew Leach & John Macarthur, 'Tafuri as Theorist', *arq: Architectural Research Quarterly* 10, nos. 3–4 (2006): 235–240.

[5] 这一时期的作品已全部被选编成册：Joan Ockman (ed.), *Architectural Culture, 1943–1968: A Documentary Anthology* (New York: Rizzoli, 1993); Kate Nesbitt (ed.), *Theorizing a New Agenda for Architecture An Anthology of Architectural Theory, 1965–1995* (New York: Princeton Architectural Press, 1996); K. Michael Hays (ed.), *The Oppositions Reader* (Cambridge, Mass.: MIT Press, 1998), and *Architecture Theory since 1968* (Cambridge, Mass.: MIT Press, 1998); Hilde Heynen, André Loeckx, Lieven De Cauter & Karina van Herck (eds.), *'Dat is architectuur': Sleutelteksten uit de Twintigste Eeuw* (Rotterdam: 010, 2001)。

境中，特别是在北美，这种情况在过去几十年中已上升至主导地位。部分源于美国建筑学者对大陆哲学的创新适应和传播，同时也因为支持他们工作的制度结构的基本变化，如建筑学博士学位的出现，以及建筑学历史和理论中主要书籍和期刊出版的迅速扩张。然而，尽管这些发展追踪到了知识、风格和制度的变化，但并没有看到处在建筑文化中的建筑史学家所提出的基本问题也发生了相应的变化。最重要的是，现代主义史学家和他们之后的批判的史学家所提出的议题本质并没有显著区别，当然，批判、历史和建筑文化中其他形式的智识化和反思比过去更加稳固。在这种情况下，可以思考安东尼·维德勒在《关于迫睫之当下的多维历史》中所提出的问题：

> 简单说来，如果建筑史学家的工作不是以历史的名义，而是为了有益于建筑师和建筑，那么建筑史学家应该做哪些工作？或者换一个更加理论化的说法，建筑史应该为建筑，特别是当代建筑，做什么工作或者应该做什么工作？这当然是一个反复出现的问题，即历史如何与设计"相关"？历史是否有用？如果有用，又以何种方式发挥作用？[6]

维德勒最后的问题直接呼应了前一章节中的讨论，但是，我们可以从不同的方向提出关于有用性的问题。我们之前考虑的有用性涉及历史和理论之间可能的直接联系。建筑史学家是否应该着眼于未来？建筑史的目标是否是提炼当代建筑实践的模式和规则？历史是否应该推动建筑走向未来？维德勒研究了许多认为建筑史应该具有以上作用的艺术和建

---

[6] Vidler, *Histories of the Immediate Present*, 3.

筑史学家的作品。人们可以像一位历史学家一样将过去知识化，可以将当代建筑历史化，但结果有很多问题。真正的现代历史与时代精神一致，之所以有助于现代建筑的生产，是因为它与时代最进步的表达同步。到20世纪七八十年代，人们普遍认为这种形式的史学已经落伍。

自20世纪70年代以来，建筑史和建筑理论之间常常存在人为的差别，多半反映了史学价值观的不同，而不是探索模式之间的基本差异。维德勒的战后案例中提到的柯林罗、班纳姆、塔夫里等有时会被视为理论家，大多数时候则被视为批判家和历史学家。作为理论家，他们并未把历史对立区分开来；作为历史学家，他们展示了当时理论作品的批判性特色。事实上，他们划出一条界线，以便定义批判建筑史，以便把建筑史的学术内容和表现形式理论化，同时把这种理论历史化，满足了理论作为反思和自我反思的后现代学术写作类型的标准，但没有把历史分析转化为建筑项目。

维德勒是建筑学"理论时刻"中的主要人物。自20世纪90年代末以来，他对建筑史学的关注是其目标的自然延伸。最近，作为理论的批判历史倾向于"具体化"为一种与广义建筑文化相关的后理论思想史（intellectual history-after-theory）。建筑史学中亚流派的出现，标志着人们在人文学科发生解构主义转变前后，从现代主义和现代项目的确定性到所有知识的绝对相对性转变的愿望。

以克鲁夫特的建筑理论史和索克拉季斯·乔治亚迪斯（Sokratis Georgiadis）所写的吉迪恩的学术传记（1989）为例，建筑史学的历史在20世纪90年代末成为建筑史学家的主流话语。[7] 有关历史学家和建

---

[7] Sokratis Georgiadis, *Sigfried Giedion: Eine Intellektuelle Biographie* (Zurich: Amman, 1989), 英文版：*Sigfried Giedion: An Intellectual Biography*, Colin Hall trans. (Edinburgh: Edinburgh University Press, 1993)。

筑文化知识分子的书籍在建筑史中开始占据重要地位。尽管人们普遍反对这项工作将建筑史学家移出建筑学科的中心位置，但是，研究建筑更广泛的文化和知识构成的思想史，与通过历史学家来撰写有关建筑历史学著作的方法渐渐取得合法性，而且很受欢迎。这些发展使经典回归到中心舞台，但又受到史学和史学知识（historiology）研究的影响。建筑学的历史作为建筑史的历史和建筑观念的历史，使建筑成为一种话语。

根据有关人文学科的目标和策略的最新思考，我们可以从历史角度更为宽泛地理解 20 世纪末期的这些发展。伊恩·亨特（Ian Hunter）这样描述了这一时刻：

> 和自然科学理论不同，20 世纪 60 年代，在人文学科和社会科学中出现的理论并非由其目标决定，因为这些理论在学科中出现时有许多分散的目标：语言学和法律研究，文学和人类学，民间故事的研究和生产经济模式的分析。进而言之，这一时间内出现的理论术语之间也有很大的差异，有时与理论学家受聘的大学院系相关，但同时也与不同国家的学术背景的差异有关（或部分重叠）。[8]

那时，维德勒问道："建筑史对建筑学，特别是对当代建筑学起到了什么作用？或者应该起到什么作用？"他提出的这个问题，对于建筑史的组织产生了深刻影响，在最近（主要是在英国）被更宽泛地叫作"建筑学的人文学科"中，建筑学的历史、理论和批评是一个广泛的智识和分析活动范畴，涉及策展、编辑和书面表达，但不唯一。这自然对于许

---

[8] Hunter, 'The History of Theory', 80.

多形式的建筑史学目标和要旨，以及建筑史学家可获得的智识和制度可能性造成影响。

什么是建筑史和理论？

伊恩·博登（Iain Borden）使用了《巴特利特的创意集》（*Bartlett Book of Ideas*）中一个有说服力的例子，他提问道："什么是建筑史和理论？"他把建筑学的人文分支牢牢地定位于"理论"范围之内，他写道："建筑学成为一个临时的实体，等待初步检查，就像粘在蜘蛛网上的苍蝇一样，每一个黎明只是被重新捕获。建筑学变得既确定又未知，而这也正是它的美丽之处……通过对这一过程的自我反省，建筑史和理论必须经受同等的复核。"[9] 这便是特里·伊格尔顿（Terry Eagleton）所写的："批判性的自我反省……当我们被迫对自己正在做的事情产生新的自我意识时，理论就产生了。"[10] 当我们追随维德勒的线索，询问建筑史正在做或做过的"工作"，我们也是在询问它如何作为学科或认识论的自我意识的表达而参与到理论中。在这一相对化（有时极端）的文本创作时刻，批判性的历史即理论的观点如何服务于建筑文化？批判理论的跨学科传播如何塑造了它的史学影响，以及建筑史为建筑学所做的"工作"？

尽管传播广泛、颇具影响力，但是这一发展并非普遍性的。许多建筑史学家反对建筑学的理论转向，这种观点为那些追求建筑史科学研

---

[9] Iain Borden, 'What is Architectural History and Theory?', 原载：*Bartlett Book of Ideas,* ed. Peter Cook (London: Bartlett Books of Architecture, 2000), 8。

[10] Terry Eagleton, *After Theory* (London: Basic Books, 2003), 引自：Hunter, 'The History of Theory', 86。

究的人提供了坚实的基础，但被理论阵营的人认为顽固且幼稚。一些人公开宣称"理论时刻"是暂时现象，并拒绝参与。其他人则从哲学和文化科学的古老传统中寻找理论历史学家的工具。这一抵抗的本质不是明确阐述方法和观点，而是专注现有的研究对象。然而，克里斯多夫·L. 弗罗梅尔（Christoph L. Frommel）的《意大利文艺复兴建筑》（*Architecture of the Italian Renaissance*，2007）的精装本是后一种坚持建筑史这一观点的坚实方法的体现。[11] 出版商推介这本书时认为这本书"避免时尚的理论的束缚，遵循传统，按照时期和建筑师组织章节。同时，充分讨论社会背景、技术创新和美学评价"。我们不应该对这一评论给予过多解读。毕竟，从非理论历史近几十年的发展历程来看，弗罗梅尔的立场并不保守。但是，他更倾向于暗示学科工具的安全性及其局限性。尽管 20 世纪八九十年代理论化建筑史得到了高度关注，并享有超然地位，但有弗罗梅尔这样的建筑史学家以及弗罗梅尔曾经担任主任的意大利艺术历史研究院（Bibliotheca Hertziana）这样的机构的坚持，使后理论建筑史学家找到了回归之处，也为理论史学家的工作提供了可依附之物。

当然，我们展示了有关定义、方法和目标的复杂且微妙的争论过程和初具雏形的流派。我们想到的许多例子都可以动摇其正确性，但是它们确实厘清了该时段的趋势。理论的历史时刻，正如之前的建筑史学中的所有重要片段一样，被本领域内不同的语言群体和不同的国家及地区层面的辩论赋予了不同的表达方式。然而，尽管存在差异，它依旧有着"共同的智识态度或风度"[12]。20 世纪最后 25 年的主导话

---

[11] Christoph L. Frommel, *The Architecture of the Italian Renaissance* (London: Thames and Hudson, 2007).

[12] Hunter, 'The History of Theory', 81.

语比其他任何话语都更彻底地讲述了"态度和风度",这种主导话语首先在美国东北海岸出现,主要围绕"理论的自然之家:美国人文科学研究院"[13] 展开。在 20 世纪 70 年代,这一背景为美国的建筑学研究生院铺平了道路,从而决定性地塑造了从那一时期开始的理论研究方向。基于它对建筑史近来发展方向的影响,我们需要简要讨论一下这一机构的历史。

机构推论

美国建筑学院哲学博士学位的引入是建筑学参与"理论时刻"的重要一步。美国建筑学的第一个博士项目由宾夕法尼亚大学和加州大学伯克利分校共同建立。1975 年,美国最古老的大学——麻省理工学院建筑学院开设了建筑学与艺术史、理论和批评专业的博士学位,这表明机构格局的巨大变革。在斯坦福·安德森(Stanford Anderson)和亨利·A. 米伦(Henry A. Millon)的指导下,建筑学院的教师和学生致力于将建筑和建筑史学术化,前提是确保建筑学能够参与到重要的人文学科的更宽泛发展之中。[14] 在美国,在此之前,建筑史的研究生项目中大多是艺术史学科的博士,建筑史也一直在艺术史领域被教授着,并为艺术史学术项目做出贡献。加州大学洛杉矶分校、康奈尔大学和哥伦比亚大学的艺术史系更是一直如此。自 20 世纪 80 年代早期以来,麻省理工学院培养了美国建筑史和理论领域一批富有影响力

---

[13] Hunter, 'The History of Theory', 80.

[14] 米伦与安德森在题为 "Geschichte und Theorie im Architekturunterricht" 的主旨演讲中已讨论,
Bibliothek Werner Oechslin, Einsiedeln, 20–22 November 2009。

的人物，加州大学洛杉矶分校、加州大学伯克利分校、哥伦比亚大学、康奈尔大学和哈佛大学的艺术史和（最近的）建筑学项目也培养了很多杰出人才。美国其他重要的大学建筑理论中心包括普林斯顿大学、耶鲁大学、库伯联盟学院（the Cooper Union）和其他一些重要的州立大学——特别是珍妮弗·布卢默（Jennifer Bloomer）和凯瑟琳·英格拉哈姆（Catherine Ingraham）工作的艾奥瓦州立大学对建筑再现形式进行了卓有影响的研究。

在这些机构中工作的个人——以及其他人——共同致力于形成一种探讨建筑学界限的话语，作为以理论模式对建筑学及其历史进行跨学科研究的背景和激发因素。在大西洋彼岸，建筑联盟（the Architectural Association）和剑桥大学同样成为英国建筑学参与人文学科"理论时刻"的重要基地，当时许多重要人物不但经常出现在美国东北部重要的研究中心，在贝德福德广场（Bedford Square）的建筑联盟或剑桥大学建筑系的斯克鲁普露台（Scroop Terrace）也可以常常看到他们的身影。

不可否认，这一关于建筑学学术发展的视角相当狭隘，并没有追溯欧洲建筑史学术化的踪迹，包括巴黎、巴塞罗那、代尔夫特、柏林、苏黎世、威尼斯和其他主要的欧洲大陆建筑思潮中心，以及以英语为母语但抵制美式建筑理论研究的环境。然而，国际社会对美国这一理论中心的关注如此强烈，以至于经常将理论家或思想家吸引到有美国式的背景、欧洲式的观点并经常带有国际口音的讨论中。

例如，让-路易斯·科恩（Jean-Louis Cohen）发现，20 世纪 60 年代和 70 年代，意大利建筑史理论作者对法国哲学的诠释，将法国批判性理论介绍给关注意大利思想家的法国建筑受众。[15] 这些意大利书籍和

---

[15] Jean-Louis Cohen, 'La coupure entre architectes et intellectuels, ou les enseignements de l'italophilie', *Extenso* 1 (1984): 182–223.

文章被翻译成英语，各种书籍和杂志对法国后结构主义哲学的系统吸收，进一步促使批判理论被引入建筑历史和理论中，自然也引发了建筑理论通过国际翻译和传播被引入德国语言哲学和批判理论的平行历史。（规模小但颇有影响力的期刊《反设计》［*Contropiano*］定期发布关于建筑和城市的文章，旨在探讨德国和澳大利亚思想家对建筑领域的影响。比阿特丽斯·科洛米纳［Beatriz Colomina］研究了西班牙读者对这些翻译文章的接受程度，特别是受伊格拉西·德索拉·莫拉莱斯［Ignasi de Solà-Morales］的影响的巴塞罗那，在建筑主题上培育出政治化理论。[16]）科恩认为，塔夫里和与他同时代的意大利同行将法国哲学融入批判建筑史和建筑思想史，把哲学系统引入法国建筑文化，而没有探索结构主义和后来的后结构主义哲学为建筑思想提供的可能性。

近年，许多源自欧洲大陆哲学、文学、政治、数学、经济和历史领域的思想都被彻底挖掘出来，以寻找这些思想对建筑的影响，这些思想经常会带来巨大的转变。[17]

从 1967 年到 1985 年，除大学之外，（最近得以恢复的[18]）位于纽约的建筑和城市研究所（Institute for Architecture and Urban Studies, 简称 IAUS）是国际理论的重要交流中心之一。由彼得·艾森曼（Peter Eisenman）、马里奥·盖德桑纳斯（Mario Gandelsonas）、安东尼·维德

[16] 科洛米纳在以 "The Critical Legacies of Manfredo Tafuri" 为主题的会议论文，Columbia University and the Cooper Union, New York, 21 April 2006。
[17] 之后，英国针对这一现象进行了回应，比较了 Routledge 的 "Thinkers for Architects" 系列，认为许多哲学家与建筑物之间存在关系：Luce Irigaray (Peg Rawes, 2007), Martin Heidegger (Adam Sharr, 2007), Gilles Deleuze and Felix Guattari (Andrew Ballantyne, 2007), Maurice Merleau-Ponty (Jonathan Hale, 2009) and Homi Bhabha (Felipe Hernandez, 2009)。在建筑和关键理论中，追踪到诺丁汉大学文学专业阅读项目的一个更古老的例子是：Neil Leach (ed.), *Rethinking Architecture: A Reader in Cultural Theory* (London and New York: Routledge, 1997)。
[18] 参见：www.institute-ny.org (9 April 2009)。

勒和史蒂文·彼得森（Steven Peterson）指导，它的研究人员包括很多
有理论贡献的批判的历史学家和一些使用了历史性材料的理论家和建
筑师。在前面的阵营中，我们可以算上肯尼斯·弗兰姆普敦（Kenneth
Frampton）和罗莎琳·克劳斯（Rosalind Krauss）；在后面的阵营中，则
包括戴安娜·阿格雷斯特（Diana Agrest）、拉菲尔·莫内欧（Rafael
Moneo）和雷姆·库哈斯（Rem Koolhaas）。期刊《对立面》（*Oppositions*）
调查了建筑理论的理论流派和批判的建筑史的界限，发表了之前提到的
建筑和城市研究所导师和研究人员的论文，同时还有许多国际客座研究
人员的作品，包括麻省理工出版社出版的"对立面丛书"。[19] 它也追踪
了从对符号学和后结构主义的兴趣，到 20 世纪 80 年代建筑解构主义理
论和解构主义首次出现的转变——作为史学策略和立场、作为形式创造
的纲领性建筑理论的转变。

特雷莎·斯托帕尼（Teresa Stoppani）[20] 最近观察到建筑和城市研究
所对我们称作"美国第二代建筑理论家"的重要性，他们弥合了批判建
筑史中被誉为"威尼斯学派"的塔夫里模式和使建筑领域超越建筑物
范畴的建筑理论话语。建筑理论话语作为建筑史的材料而成为一个指
数级膨胀的领域：从文学、电影和音乐、流行媒体和短暂出现的现象，
到对建筑产生影响的哲学概念以及有哲学含义的建筑概念等。如果可
以被用来承担或展现建筑问题或主题，就可以很轻易地被合法化为这

---

[19] 麻省理工学院出版社出版的 "Oppositions Books" 系列丛书，包括 Alan Colquhoun, *Essays in Architectural Criticism: Modern Architecture and Historical Change* (1981); Moisei Ginzburg trans., *Style and Epoch*, Anatole Senkevich trans. (1982); Adolf Loos, *Spoken into the Void: Collected Essays, 1897–1900*, Jane O. Newman & John H. Smith trans. (1982); Aldo Rossi, *Architecture of the City*, Diane Ghirardo & Joan Ockman (1982) trans.; *Scientific Autobiography*, Lawrence Venuti trans. (1982)。

[20] Teresa Stoppani, 'Unfinished Business: The Critical Project after Manfredo Tafuri', 原载：*Critical Architecture*, ed. Jane Rendell, Jonathan Hill, Murray Fraser & Mark Dorrian (London and New York: Routledge, 2007), 22–30。

一新理论化的批判历史的材料。布卢默的《建筑和文本》(*Architecture and the Text*, 1993)和乔尔·桑德斯(Joel Sanders)的《嵌钉》(*Stud*, 1996)是在建筑文化中对批判主义和史学方法、证据以及政治项目持开放态度的范例。[21]

在 K. 迈克尔·海斯(K. Michael Hays)和凯瑟琳·英格拉哈姆(Catherine Ingraham)的领导下,杂志《集合》(*Assemblage*)推出了许多第二代建筑理论领军人物的作品。这一杂志的最后一期,第 41 期(2000)以一系列单页纸的篇幅展示了自第 1 期(1987)以来在杂志中发表过文章的作者对建筑理论问题的讨论,他们现在可以对这一时期进行反思。从历史视角来看,有趣的是《集合》第 41 期如何记述在 20 世纪后期出现和实施的建筑学理论和项目之间的日益相关性和不确定性。[22] 这一杂志的结论不能终结建筑理论或理论化的历史,更不能说明"理论时刻"标志着文献学或建筑史学叙事的、经典方法的终结。的确,在 2007 年,海斯捍卫了批判理论与建筑史学家的持续相关性,他写道:"理论越多,就越容易接触历史。理论是生产概念和类别,以描绘真实历史的实践。"[23]

[21] Jennifer Bloomer, *Architecture and the Text: The (S)crypts of Joyce and Piranesi* (New Haven, Conn.: Yale University Press, 1993).

[22] 参见: www.gsd.harvard.edu/research/publications/affiliated_publications/assemblage/assemb41.html (15 April 2009)。

[23] K. Michael Hays, 'Notes on Narrative Method in Historical Interpretation', *Footprint* (Autumn 2007): 23.

理论的经验教训

用广义的术语来说，我们可以把最近几十年中建筑人文学科的发展，特别是在北美和英国的发展，作为其寻求更大相对性的转变，有助于实现更深程度的自我批判和自我反省。同样，从广义来说，我们或许可以将当前时刻看作历史学家、批评家和理论家相对性持续减弱的时刻，目的论历史批判的理论（theory-as-critique-of-teleological-history）让位于为理论而理论（theory-for-theory's-sake），这反过来带来了更近期的历史–超载–理论（history-to-overcome-theory）的迭代。尽管"前理论时刻"史学的相对天真性已经被遗失，建筑史学家依旧一直将对建筑物及其文献记录的恢复视为他们工作的基础。没有人能够在谈论经典时无视标准；没有人可以在撰写西方建筑传统时无视限制条件。批判文献学的可能性——对文献的仔细研究和对细节的日益重视，已经变得更加清晰。

这不仅仅是历史分析对早期形式的回归，而且是批判的建筑史学目标的扩展，超出了"理论时刻"所给予的特定形式。例如，这些态度和意图的广泛转变可以在建筑史学家学会（SAH）、澳大利亚和新西兰建筑史学家学会（SAHANZ）或英国的建筑人文研究协会（Britain's Architectural Humanities Research Association）的会议或《建筑杂志》（*Journal of Architecture*）和《建筑史学家学会期刊》（*JSAH*）中找到痕迹，对于享有 20 世纪 80—90 年代的自由氛围的人们来说这些似乎很奇怪。对于忽略了这些自由和随之而来的相对化的人们来说，这些转变看似历经了很长时间。在那些对这段最近的机构史和思想史持最极端态度的，甚至留下了创伤的人们来说，理论和后理论之间的分离像是不可逾越的鸿沟。即使他们现在已经被碰巧解释为"回归历史"，我们依旧有可能识别一系列得益于建筑学"理论时刻"的史学主题和态度。

尽管我们可以谈论"回归"到建筑史，但必须意识到这既不容易也不简单。批判理论已经使历史学家可以对知识的运作和表现形式以及它的生产和生存条件做出基本的洞察，建筑的历史和其生产绝不能摒弃这些经验教训。新近的历史学家对这些思想的发展有一些经验，但他们又转向对所谓的建筑史的"核心"的关切，他们很清楚这些思想史对他们现在的研究、写作和教学的影响。赖因霍尔德·马丁（Reinhold Martin）与布兰登·约瑟夫（Branden Joseph）编辑的杂志《灰色的房间》（*Grey Room*，2000年创立），以及费利西蒂·斯科特（Felicity Scott）写的书籍展现出这一历史的可能性。[24] 最近，人们越来越重视建筑史本身——历史学家及其建筑观的学术化，这表明理论反思对该学科领域以及对建筑与文化关系的持续影响。

从维也纳和威尼斯的学者到美国、英国、土耳其、南非、伊比利亚、法国、比利时、意大利、澳大利亚和其余国家或地区史学组织的创始人，有一长串的建筑史学家运用此类分析。这不可避免地被认为是对学科模式的探索和分析。（当思想史学的对象使我们面对不合理的政治观点，例如，一代同情德国国家社会主义的艺术史学家，从历史角度解读他们的案例，可以帮助我们了解到，塑造历史研究的思想本身似乎可以使历史学家放弃捍卫文明的基本条件。[25]）这一研究大部分利用了卡尔的劝诫，旨在了解历史之前先了解历史学家。通过研究建筑史学家，

---

[24] Reinhold Martin, *The Organizational Complex: Architecture, Media, and Corporate Space* (Cambridge, Mass.: MIT Press, 2005); Felicity D. Scott, *Architecture or Techno-utopia: Politics after Modernism* (Cambridge, Mass.: MIT Press, 2007).

[25] 比较：Wood (ed.), *The Vienna School Reader*. 艾弗尼·利维 Evonne Levy 在 "Barock: Architectural History and Politics from Burckhardt to Hitler (1844–1945)" 中将这一主题延伸到巴洛克历史研究的特定领域。参见：www.nga.gov/casva/fellowships.html。

我们可以了解史学工具如何塑造建筑史，进而塑造当前的历史的建筑学的研究对象。

其他关于当代建筑学的批判性研究已经展示了历史案例如何在更宽泛的建筑文化的批判性准则之下运行，按照这一准则，现在可以告知人们过去的知识，而不是激活由建筑文化项目定义的知识。在最近一期的《阈值》（*Thresholds*，1992 年创立）中所出现的批判性历史写作正是这样的例子。《记录》（*Log*，创立于 2003 年）中的文章也是如此，这一杂志来源于辛西娅·戴维森（Cynthia Davidson）在 1993 年至 2000 年指导的 20 世纪 90 年代的"任何"项目（ANY project）：一系列在各个国家推出并有不同国家人员参与的活动，以及探索建筑理论的批判性的出版物。因此，尽管有着不同的基调，由犬吠工作室（Atelier Bow-Wow）的贝岛桃代（Momoyo Kaijima）和塚本由晴（Yoshiharu Tsukamoto）所发布和展示的历史类型研究亦是如此。[26] 在这些和其他类似方法的背后，是建筑史学家对批判性和理论化的建筑学领域进行的富有成效但却严格的审视和交叉审视。

后殖民主义建筑史同样是 20 世纪 90 年代的学术、机构和历史环境中出现的强大的力量。其术语为许多地理和文化史学所采用，作用在于通过将"建筑学"从无可置疑的西方经典的最后遗迹中分离出来，拓宽和深化"建筑学"的定义。[27] 它描绘了由权力、力量和征服的习惯所塑造的建筑生产和分析方式所进行的历史性探索。这促成理论性和历史性兼具的主题涌现出来：政治力量、影响、赞助和特权的流动；经济、政

---

[26] 参见：www.anycorp.com/log/ (15 April 2009)。同样参见：Atelier Bow-Wow, *Walking with Atelier Bow-Wow: Kanazawa Machiya Metabolism*, 21st Century Museum of Contemporary Art, Kanazawa, 2007。项目档案：www.bow-wow.jp/profi le/publications_e.html (15 April 2009)。

[27] Routledge 'Architext' series, Thomas A. Markus and Anthony D. King (eds.).

图 17 在 20 世纪早期，阿尔及利亚首都阿尔及尔新邮局的外观。

图 18 在科罗拉多州科罗拉多斯普林斯（Colorado Springs）的美国空军学院举行的宣誓仪式（2009），背景是由 SOM 建筑设计事务所（Skidmore, Owens & Merrill）设计的教堂（1962）。

治、意识形态；性别、性和种族；心态、集体记忆、世界观、再现形式和心理。这些主题意味着建筑史的过去并不是一本封闭的书籍。最近对建筑物和城市周边理论化和历史化的保护和修复，进一步提醒人们关注这一经验教训。美国杂志《未来前沿》（*Future Anterior*，2004 年创立）探索了作为知识的历史和作为痕迹的遗产之间的复杂互动，这种互动因为将历史建筑现在的存续方式以及此方式获得和保留的历史意义理论化而引起关注。

对建筑学的过去坚持批判、保持质疑的分析，其准确含义几乎不会受到当今学科发展背景下的前理论史学范畴的限制。对建筑史学家来说，借用其他学科的工具和方法一直是建筑史学家进行有意义的干预的来源，他们认为相似的历史专业、大陆哲学、政治的理论化、经济、企业和体系、技术和科学，都为透视建筑史的传统和经典主题提供了令人惊奇的洞察力。正是基于这些原因，经典并没有消失。其内容对那些为应对人文学科以及多种背景对知识提出的新挑战和新期望，而开发和调整的工具和方法进行了重要的测试。

在最后的分析中，建筑物对建筑史学家在研究和教学中一直致力于解释的文化知识构成了挑战，促使人们思考：哪些知识为建筑物本身固有？哪些东西是因为建筑物的地点或出现的时期才集聚在建筑物中的？建筑物如何有助于了解过去？建筑物如何作为过去的踪迹而存在？这些都是持续存在的问题，也都是建筑史学家探寻的核心。

下一步会怎么样呢？

笔者所描绘的建筑史和建筑史学的图景正是现代学科领域和实践的图景。建筑史学具备了一门学科的行为、形式和结构，它不断地、广泛地从同源领域以及近几年超出人们预期的来源来借鉴知识、材料、分析策略和媒介。在人文科学的各个领域，如今的学科形式与半个世纪前的有极大差异。由此可见，作为一个知识体系，一个证据领域以及一套工具和假设，沃尔夫林基本无法辨认今天建筑史学家的工作，吉迪恩也难以区分；杰弗里·斯科特可能觉得毫无意义，亨利·福西永可能认为这是一种折磨。

作为一种抽象的努力，了解建筑的过去这一项目在几十年中鲜有变化，它能调和任何特定对象固有而不可变的事实，无论是建筑物、绘画还是建筑中的生活，只要能激起现在学者的兴趣，都能成为研究对象。对于一些历史学家来说，建筑学仍然是一个职业，对于其他人则是艺术或文化的镜子。正如我们所看到的，很少有历史学家会从一个视角、学科或方法论解读建筑史，而不在一定程度上加以平衡。现在正如过去一样，丰富了建筑史学的实践。作为一种实践和知识领域，它仍然被或强或弱的各种力量塑造，现在这些力量比以往任何时候都更需要重新评判。事实上，建筑史学家的研究对象和工作的边界、方法、材料，甚至他们对建筑史相对更广泛的文化和制度背景的立场都要经受不断考验。

　　大都会建筑事务所（Office of Metropolitan Architecture，OMA）及其"双胞胎"研究机构 AMO 在库哈斯（Koolhaas）的有力领导下，在大都市、区域、国家和国际层面的实践一直坚持为建筑师的工作寻找新的术语，这有助于塑造建筑的当代议程。他们的工作证明建筑学的工具可以塑造政府、资本、消费主义以及国家和大陆的身份。他们的主张把建筑实践的媒介与其工具及策略分离开来。因此，建筑史学的术语同样开始转变。建筑史学的工具和策略如何影响政府、法律、政治、消费、宗教、民族主义等方面的历史分析及意义？哥伦比亚大学赖因霍尔德·马丁（Reinhold Martin）的"智囊团"[28]工作室致力于研究这些问题，约翰·哈伍德（John Harwood）在欧柏林大学组织的工作会议"集合"（Aggregate，2008 年 4 月）[29]，以及埃亚勒·魏茨曼（Eyal Weizman）针对以色列和巴勒斯坦的分析都亦是如此。[30] 简而言之，建筑学当前的职业和文化概要覆盖广泛，我们可以在建筑史的范围内发现这种影响。

　　建筑史、历史学、历史学知识和历史学家当前的情况怎样？最后的分析必须对当今学科和机构的情况采取批判立场。在最近几十年中这一领域已经经历了急剧的重新评估，但是，这些变化是否会超越 19 世纪末发生的变化？它们的效果是否会被更加敏锐地感受到，或更加强烈地

---

[28] 参见：www.arch.columbia.edu/index.php?pageData=2937, 'Think-tank: Counter-theses after 9.11.01' at (15 April 2009)。

[29] 参见：http://artlibrary.wordpress.com/2008/04/08/75/, 'Aggregate: Working Conference' (15 April 2009)。

[30] Eyal Weizman, *Hollow Land: Israel's Architecture of Occupation* (London: Verso, 2007).

被捍卫？在"历史解释的叙述方法笔记"的结论部分中，海斯暗示道："撰写建筑史的实践，将会成为使情况更加复杂、可能减缓思考的力量。"[31] 建筑学的研究范围看似在不断扩展，当建筑学中的批评和批判比以往更具有前所未有的流动性时，这一持久的学科议程或许还会继续展示出与当前建筑史领域更加相关的，也更具挑战性的路径。

[31] Hays, 'Notes on Narrative Method in Historical Interpretation', 29.

进一步阅读

Ackerman, James. 'On American Scholarship in the Arts'. *College Art Journal* 17, no. 4 (Summer 1958): 357–62.

―――― 'The 50 Years of CISA'. *Annali di Architettura* 20 (2008): 9–11.

Agosti, Giacomo. *La nascita della storia dell'arte in Italia: Adolfo Venturi dal museo all'università, 1880–1940*. Venice: Marsolio, 1996.

Allsopp, Bruce. *The Study of Architectural History*. New York: Praeger, 1970.

Amery, Colin. 'Art History Reviewed IV: Nikolaus Pevsner's "Pioneers of the Modern Movement", 1936'. *Burlington Magazine* 151, no. 1278 (September 2009): 617–19.

Arnold, Dana (ed.). *Reading Architectural History*. London and New York: Routledge, 2002.

Arnold, Dana, Elvan Altan Ergut & Belgin Turan Özkaya (eds.). *Rethinking Architectural Historiography*. London and New York: Routledge, 2006.

Attoe, Wayne, & Charles W. Moore (eds.). 'How Not to Teach Architectural History'. Special issue, *Journal of Architectural Education* [*JAE*] 34, no. 1 (Fall 1980).

Bardati, Flaminia (ed.). *Storia dell'arte e storia dell'architettura. Un dialogo difficile*. San Casciano: Libro Co., 2007.

Bazin, Germain. *Histoire de l'histoire de l'art. De Vasari à nos jours*. Paris: Albin Michel, 1986.

Binfield, Clyde (ed.). 'Architecture and History: A Joint Symposium of the Royal Historical Society and the Society of Architectural Historians of Great Britain, Held at Tapton Hall, University of

Sheffield, 5–7 April 2002'. Papers presented in *Transactions of the Royal Historical Society* 13 (December 2003): 187–392.

Biraghi, Marco. *Progetto di crisi. Manfredo Tafuri e l'architettura contemporanea*. Milan: Christian Marinotti, 2005.

Blau, Eve. 'Plenary Address, Society of Architectural Historians Annual Meeting, Richmond, Virginia, 18 April 2002: A Question of Discipline'. *JSAH* 62, no. 1 (March 2003): 125–9.

——— (ed.). 'Architectural History 1999/2000'. Special issue, *Journal of the Society of Architectural Historians [JSAH]* 58, no. 3 (September 1999).

Borden, Iain. 'What is Architectural History and Theory?' In *Bartlett Book of Ideas*, ed. Peter Cook, 68–70. London: Bartlett Books of Architecture, 2000.

Borden, Iain, & Jane Rendell (eds.). *Intersections: Architectural Histories and Critical Theories*. London and New York: Routledge, 2000.

Böröcz, Zsuzsanna & Luc Verpoest (eds.). *Imag(in)ing Architecture: Iconography in Nineteenth-Century Architectural Historical Publications*. Leuven and Voorburg: Acco, 2008.

Briggs, Martin. *The Architect in History*. Oxford: Clarendon Press, 1927.

Brown, Deidre, & Andrew Leach (eds.). 'A Regional Practice'. Special issue, *Fabrications: The Journal of the Society of Architectural Historians, Australia and New Zealand* 17, no. 2 (2008).

Brucculeri, Antonio. *Louis Hautecœur et l'architecture classique en France. Du dessein historique à l'action publique*. Paris: Picard, 2007.

Çelik, Zeynep (ed.). 'Teaching the History of Architecture: A Global Inquiry'. Special issues, *JSAH*. Part I, 61, no. 3 (September 2002): 333–96; Part II, 61, no. 4 (December 2002): 509–58; Part III, 62, no. 1 (March 2003): 75–124.

Chastel, André, Jean Bony, Marcal Durliat, et al. *Pour un temps. Henri Focillon*. Paris: Centre Georges Pompidou, 1986.

Coffin, David R. *Pirro Ligorio: The Renaissance Artist, Architect and Antiquarian*. University Park, Pa.: Pennsylvania State University Press, 2004.

Cohen, Jean-Louis. 'Scholarship or Politics? Architectural History and the Risks of Autonomy'. *JSAH* 67, no. 3 (September 2008): 325–9.

Conway, Hazel, & Rowan Roenisch. *Understanding Architecture: An Introduction to Architecture and Architectural History*. London and New York: Routledge, 1994.

Cresti, Carlo. 'L'esercizio della Storia dell'architettura'. *Atti della Accademia delle arti del disegno 2007–2008* 14 (2008): 45–8.

Curuni, Alessandro. 'Gustavo Giovannoni. Pensieri e principi di restauro architettonica'. In *La cultura del restauro. Teorie e fondatori*, ed. Stella Casiello, 267–90. Venice: Marsilio, 1996.

Décultot, Élisabeth. *Johann Joachim Winckelmann. Enquête sur la genèse de l'histoire de l'art*. Paris: Presses universitaires de France, 2000.

Delbeke, Maarten, Evonne Levy & Steven F. Ostrow. 'Prolegomena to the Interdisciplinary Study of Bernini's Biographies'. In *Bernini's Biographies*,(ed.)Delbeke, Levy & Ostrow, 1–72. University Park, Pa.: Pennsylvania State University Press, 2007.

Donahue, Neil H. *Invisible Cathedrals: The Expressionist Art History of Wilhelm Worringer*. University Park, Pa.: Pennsylvania State University Press, 1995.

Draper, Peter (ed.). *Reassessing Nikolaus Pevsner*. Aldershot: Ashgate, 2003.

Dulio, Roberto. *Introduzione a Bruno Zevi*. Rome: Laterza, 2008.

Dunn, Richard M. *Geoffrey Scott and the Berenson Circle: Literary and Aesthetic Life in the Early 20th Century*. Lewiston, NY: Edwin Mellen Press, 1998.

Fairbank, Wilma. *Liang and Lin: Partners in Exploring China's Architectural Past*. Philadelphia: University of Pennsylvania Press, 1994.

Frankl, Paul. *Die Entwicklungsphasen der neuer Baukunst*. Stuttgart: B. G. Teubner, 1915. Engl. edn, *Principles of Architectural History: The Four Phases of Architectural Style*, trans. & ed. James F. O'Gorman. Cambridge, Mass.: MIT Press, 1968.

Georgiadis, Sokratis. *Sigfried Giedion. Eine intellektuelle Biographie*. Zurich: Eidgenössische Technische Hochschule, Institut für Geschichte und Theorie der Architektur, 1989. Engl. edn, *Sigfried Giedion: An Intellectual Biography*, trans. Colin Hall. Edinburgh: Edinburgh University Press, 1993.

Ghelardi, Maurizio, & Max Seidel (eds.). *Jacob Burckhardt. Storia della cultura, storia dell'arte*. Venice: Marsilio, 2002.

Ginzburg Carignani, Silvia (ed.). *Obituaries. 37 epitaffi di storici dell'arte nel Novecento*. Milan: Electa, 2008.

Halbertsma, Marlite. 'Nikolaus Pevsner and the End of a Tradition: The Legacy of Wilhelm Pinder'. *Apollo* (February 1993): 107–9.

Hancock, John E. *History in, of, and for Architecture*. Cincinnati, Ohio: The School of Architecture and Interior Design, University of Cincinnati, 1981.

Hart, Joan. 'Heinrich Wölfflin: An Intellectual Biography', Ph.D. diss., University of California, Berkeley, 1981.

Holly, Michael Ann. *Panofsky and the Foundations of Art History*. Ithaca, NY: Cornell University Press, 1984.

Hubert, Hans W. 'August Schmarsow, Hermann Grimm und die Gründung des Kunsthistorischen Instituts in Florenz'. In *Storia dell'arte e politica culturale intorno al 1900. La fondazione dell'Istituto Germanico di Storia dell'Arte di Firenze*, ed. Max Seidel, 339–58. Venice: Marsilio, 1999.

Iverson, Margaret. *Alois Riegl: Art History and Theory.* Cambridge, Mass.: MIT Press, 1993.

Jarzombek, Mark. *The Psychologizing of Modernity: Art, Architecture and History.* Cambridge: Cambridge University Press, 1999.

Kaufmann, Thomas DaCosta. *Toward a Geography of Art.* Chicago: University of Chicago Press, 2004.

King, Luise (ed.). *Architectur & Theorie: Produktion und Reflexion = Architecture & Theory: Production and Reflection.* Hamburg: Junius Verlag, 2009.

Kisacky, Jeanne. 'History and Science: Julien-David Leroy's Dualistic Method of Architectural History'. *JSAH* 60, no. 3 (September 2001): 260–89.

Kleinbauer, W. Eugene. *Modern Perspectives in Western Art History: An Anthology of 20th-Century Writings on the Visual Arts.* New York: Holt, Reinhart & Winston, 1971.

Kleinbauer, W. Eugene, & Thomas P. Slavens. *Research Guide to the History of Western Art.* Chicago: American Library Association, 1982.

Kohane, Peter. 'Interpreting Past and Present: An Approach to Architectural History'. *Architectural Theory Review* 2, no. 1 (1997): 30–7.

Kruft, Hanno-Walter. *Geschichte der Architekturtheorie von der Antike bis zur Gegenwart.* Munich: Beck, 1985. Engl. edn, *A History of Architectural Theory from Vitruvius to the Present,* trans. Ronald Taylor, Elsie Callander & Antony Wood. New York: Princeton Architectural Press, 1994.

Lagae, Johan, Marc Schoonderbeek, Tom Avermaete & Andrew Leach (eds.). 'Posities. Gedeelde gebieden in historiografie en ontwerp-praktijk = Positions: Shared Territories in Historiography and Practice'. Special issue, *Oase* 69 (2006).

Leach, Andrew. *Manfredo Tafuri: Choosing History.* Ghent: A&S Books, 2007.

Leach, Andrew, Antony Moulis & Nicole Sully (eds.). *Shifting Views: Essays on the Architectural History of Australia and New Zealand.* St Lucia, Qld: University of Queensland Press, 2008.

Legault, Régean. 'Architecture and Historical Representation'. *JAE* 44, no. 4 (August 1991): 200–5.

Lienert, Matthias. *Cornelius Gurlitt (1850 bis 1938): Sechs Jahrzehnte Zeit- und Familiengeschichte in Briefen.* Dresden: Thelem, 2008.

Lin Zhu. *Jianzshushi Liang Sicheng* [Architect Liang Sicheng]. Tianjin: Tianjin kexue jishu chubanshe, 1997.

—— *Koukai Lu Ban de damen: Zhongguo yingzao xueshe shilü* [Opening the Gate of Lu Ban: A Brief History of the Society for Research in Chinese Architecture]. Beijing: Zhongguo jianzhu gongye chubanshe, 1995.

Luca, Monica (ed.). *La critica operativa e l'architettura.* Milan: Edizioni Unicopli, 2002.

Macarthur, John. 'Some Thoughts on the Canon and Exemplification in Architecture.' *Form/Work: An Interdisciplinary Journal of Design and the Built Environment* 5 (2000): 33–45.

MacDougall, Elisabeth Blair (ed.). *The Architectural Historian in America: A Symposium in Celebration of the Fiftieth Anniversary of the Founding of the Society of Architectural Historians,* Studies in the History of Art 35, Center for Advanced Study in the Visual Arts Symposium Papers 19. Washington, DC: National Gallery of Art; Hanover, NH, and London: University Press of New England, 1990.

McKean, John. 'Sir Banister Fletcher: Pillar to Post-Colonial Readings'. *Journal of Architecture* 11, no. 2 (2006): 167–204.

Michel, André. 'L'enseignement de Louis Courajod'. *Leçons professées à l'École du Louvre (1887–1896),* vol. III, *Origines de l'art moderne,* ed. Henry Lemonnier & André Michel, v–xvii. Paris: Alphonse Picard et Fils.

Midant, Jean-Paul. *Au Moyen Age avec Viollet-le-Duc.* Paris: Parangon, 2001.

Millon, Henry A. 'History of Architecture: How Useful?' *AIA Journal* 34, no. 6 (December 1960): 23–5.

Nalbantoğlu, Gülsüm. 'Towards Postcolonial Openings: Re-reading Sir Banister Fletcher's *History of Architecture*'. *Assemblage* 35 (1998): 6–17.

Otero-Pailos, Jorge. 'Photo[historio]graphy: Christian Norberg-Schulz's Demotion of Textual History'. *JSAH* 66, no. 2 (June 2007): 220–41.

Pächt, Otto. *Methodisches zur kunsthistorischen Praxis,* ed. Jorg Oberhaidacher, Arthur Rosenauer & Gertraut Schikola. Munich: Prestel, 1977. Engl. edn, *The Practice of Art History: Reflections on Method,* trans. David Britt. London: Harvey Miller, 1999.

Patetta, Luciano (ed.). *Storia dell'architettura. Antologia critica.* Milan: Etas, 1975.

Paul, Jürgen. *Cornelius Gurlitt: Ein Leben für Architektur, Kunstgeschichte, Denkmalpflege und Städtebau.* Dresden: Hellerau-Verlag, 2003.

Payne, Alina A. 'Rudolf Wittkower and Architectural Principles in the Age of Modernism'. *JSAH* 53, no. 3 (September 1994): 322–42.

Pevsner, Nikolaus. *Ruskin and Viollet-le-Duc: Englishness and Frenchness in the Appreciation of Gothic Architecture.* London: Thames & Hudson, 1969.

—— *Some Architectural Writers of the Nineteenth Century.* Oxford: Clarendon Press, 1972.

—— 'The Term "Architect" in the Middle Ages'. *Speculum* 17, no. 4 (October 1942): 549–62.

Pfisterer, Ulrich (ed.). *Klassiker der Kunstgeschichte*, 2 vols. Munich: Beck, 2008.

Podro, Michael. *The Critical Historians of Art.* New Haven, Conn.: Yale University Press, 1982.

Pollack, Martha (ed.). *The Education of the Architect: Historiography, Urbanism, and the Growth of Architectural Knowledge. Essays Presented to Stanford Anderson.* Cambridge, Mass.: MIT Press, 1997.

Pommier, Edouard. *Winkelmann, inventeur de l'histoire de l'art.* Paris: Gallimard, 2003.

Porphyrios, Demitri (ed.). 'On the Methodology of Architectural History'. Special issue, *Architectural Design* 51, nos. 6–7 (1981).

Pozzi, Mario & Enrico Mattioda. *Giorgio Vasari. Storico e critico.* Florence: Leo S. Olschki, 2006.

Preziosi, Donald (ed.). *The Art of Art History: A Critical Anthology.* Oxford History of Art. Oxford: Oxford University Press, 1998.

Ranaldi, Antonella. *Pirro Ligorio e l'interpretazione delle ville antiche.* Rome: Quasar, 2001.

Rosso, Michela. *La storia utile. Patrimonio e modernità di John Summerson e Nikolaus Pevsner, Londra, 1928–1955.* Turin: Edizioni di Comunità, 2001.

Salmon, Frank (ed.). *Summerson and Hitchcock: Centenary Essays on Architectural Historiography.* Studies in British Art 16. New Haven and London: Yale University Press, 2006.

Schlosser, Julius. *Die Kunstliteratur. Ein Handbuch zur Quellenkunde der neueren Kunstgeschichte.* Vienna: Anton Schroll, 1924.

—— 'The Vienna School of the History of Art: Review of a Century of Austrian Scholarship in German' (1934), trans. & ed.

Karl Johns. *Journal of Art Historiography* 1 (December 2009): 1–50. online at www.gla.ac.uk/departments/arthistoriography.

Scrivano, Paolo. *Storia di un'idea di architettura moderna: Henry-Russell Hitchcock e l'International Style*. Milan: FrancAngeli, 2001.

Seligman, Claus. 'Architectural History: Discipline or Routine?' *JAE* 34, no. 1 (Autumn 1980): 14–19.

Starace, Francesco, Pier Giulio Montano & Paolo Di Caterina. *Panofsky, von Simson, Woelfflin. Studi di teoria e critica dell'architettura*. Naples: Fratelli Napolitani, 1982.

Summers, David. 'Art History Reviewed II: Heinrich Wölfflin's "Kunstgeschichtliche Grundbegriffe", 1915'. *Burlington Magazine* 151, no. 1276 (July 2009): 476–9.

Tafuri, Manfredo. 'Architettura e storiografia. Una proposto di metodo'. *Arte Veneta* 29 (1975): 276–82.

———— *Teorie e storia dell'architettura*. Rome and Bari: Laterza, 1968. Engl. edn, *Theories and History of Archietecture*, trans. Giorgio Verrecchia from 4th Italian edn (1976) London: Granada, 1980.

Talenti, Simona. *L'histoire de l'architecture en France. Émergence d'une discipline (1863–1914)*. Paris: Picard, 2000.

Testa, Fausto. *Winckelmann e l'invenzione della storia dell'arte. I modelli e la mimesi*. Bologna: Minerva, 1999.

Thomas, Helen. 'Invention in the Shadow of History: Joseph Rykwert at the University of Essex'. *JAE* 58, no. 2 (2004): 39–45.

Tournikiotis, Panayotis. *The Historiography of Modern Architecture*. Cambridge, Mass.: MIT Press, 1999.

Trachtenberg, Marvin. 'Some Observations on Recent Architectural History'. *Art Bulletin* 70, no. 2 (1988): 208–41.

Van Impe, Ellen. 'Architectural Historiography in Belgium, 1830–1914'. Ph.D. diss., Katholieke Universiteit Leuven, 2008.

———— 'Architectural History on Show: Retrospective Architectural History Exhibitions and Nineteenth Century Architectural History in Belgium'. *Fabrications* 16, no. 1 (June 2006): 63–89.

Vidler, Anthony. *Histories of the Immediate Present: Inventing Architectural Modernism*. Cambridge, Mass.: MIT Press, 2008.

Watkin, David. *The Rise of Architectural History*. London: Architectural Press, 1980.

Westfall, Carroll W. & Robert Jan van Pelt. *Architectural Principles in the Age of Historicism*. New Haven, Conn.: Yale University Press, 1991.

Whiffen, Marcus (ed.). *The History, Theory and Criticism of Architecture: Papers from the 1964 AIA-ACSA Teacher Seminar*. Cambridge, Mass.: MIT Press, 1965.

Whitely, Nigel. *Reyner Banham: Historian of the Immediate Future.* Cambridge, Mass.: MIT Press, 2002.

Wölfflin, Heinrich. *Kunstgeschichtliche Grundbegriffe. Das Problem der Stilentwicklung in der neueren Kunst.* Munich: Bruckmann, 1915. Engl. edn, *Principles of Art History: The Problem of Development of Style in Later Art,* trans. M. Hottinger from 7th German edn. New York: Dover, 1950.

Wood, Christopher (ed.). *The Vienna School Reader: Politics and Art Historical Method in the 1930s.* New York: Zone Books, 2000.

Wright, Gwendolyn & Janet Parks (eds.). *The History of Architecture in American Schools of Architecture, 1865–1975.* New York: Temple Hoyne Buell Center for the Study of American Architecture and Princeton Architectural Press, 1990.

Younés, Samir. *The True, the Fictive, and the Real: The Historical Dictionary of Architecture of Quatremère de Quincy.* London: Andreas Papadakis, 1999.

人名索引表